版式力

提升版面设计的配色法则

[日]印慈江久多衣 编著
汪婷 译

中国青年出版社

图书在版编目(CIP)数据

版式力：提升版面设计的配色法则 /（日）印慈江久多衣编著，汪婷译. — 北京：中国青年出版社，2024.6
ISBN 978-7-5153-7168-9

I.①版… II.①印… ②汪… III.①版面—配色—设计 IV. ①TS881

中国国家版本馆CIP数据核字（2024）第010147号

版权登记号：01-2023-3737

版式力：提升版面设计的配色法则

编　　著：[日]印慈江久多衣
译　　者：汪婷

出版发行：中国青年出版社
地　　址：北京市东城区东四十二条21号
电　　话：（010）59231565
传　　真：（010）59231381
网　　址：www.cyp.com.cn
企　　划：北京中青雄狮数码传媒科技有限公司

责任编辑：邱叶芃
策划编辑：曾晟
封面设计：乌兰

印　　刷：天津融正印刷有限公司
开　　本：710mm × 1000mm　1/16
印　　张：16
字　　数：341千字
版　　次：2024年6月北京第1版
印　　次：2024年6月第1次印刷
书　　号：978-7-5153-7168-9
定　　价：89.80元

本书如有印装质量等问题，请与本社联系
电话：（010）59231565
读者来信：reader@cypmedia.com
投稿邮箱：author@cypmedia.com
如有其他问题请访问我们的网站：www.cypmedia.com

· 本书的思路 ·

让人一目了然的设计，其关键在于什么？

考究的版式？漂亮的照片与插图？

这些当然也很重要。但是，想要做到让人一目了然，

必须选择符合设计意图的色彩！

其实

我一直都是凭感觉选择自己喜欢的色彩……

很多人都是这样吧？

我喜欢粉色，
全都用粉色吧。

想要表现出高级感，
那就使用大量的金色！

需要营造热闹的氛围，
只要使用大量不同的色彩就行了吧？

这样选择色彩，会导致想要表达的信息变得模糊不清。

想必很多人都是凭感觉决定配色，殊不知

色彩是准确表达信息的最强武器！

亦即

掌握色彩的相关知识，
可以创作出令人一目了然且极具说服力的设计。

选择色彩首先必须了解相关的知识，其次要有审美能力。

只要掌握了具有深意的配色审美，配色时心中就有底了！

本书是一本范例集锦，介绍了各种不同配色的设计效果。

· 色彩的基础知识 ·

前辈，我有一个很朴实的疑问：
配色是可以随随便便决定的吗？
我总是凭感觉选择色彩，所以配色经常没有整体感……

新手设计师
欠佳小姐 | 普通的设计做得还可以，但总是创作不出更加出色的设计。

啊！这是个不错的问题！
色彩本身都有其特定的含义，而且色彩的影响力非常大。
首先，需要掌握色彩的相关知识！

资深设计师
优秀前辈 | 能轻松创作出时尚设计的资深设计师，总能给出恰当的建议。

色彩的种类

眼睛可识别的“色彩”有很多种分类方式，
在此为大家介绍一下作为基础知识需要了解的具有代表性的“色彩”。

有彩色与无彩色

有彩色

无彩色

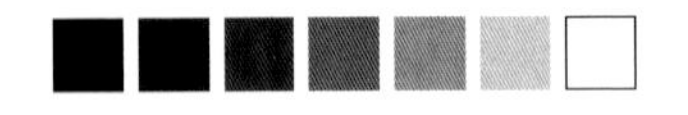

将色彩大致分为两类：有彩色和无彩色。红色、黄色、绿色等能感知到颜色的色彩叫作“有彩色”。白色、黑色、灰色等色彩叫作“无彩色”。
有彩色的色彩搭配在一起，可以表现出各式各样的效果。

冷色 · 暖色 · 中性色

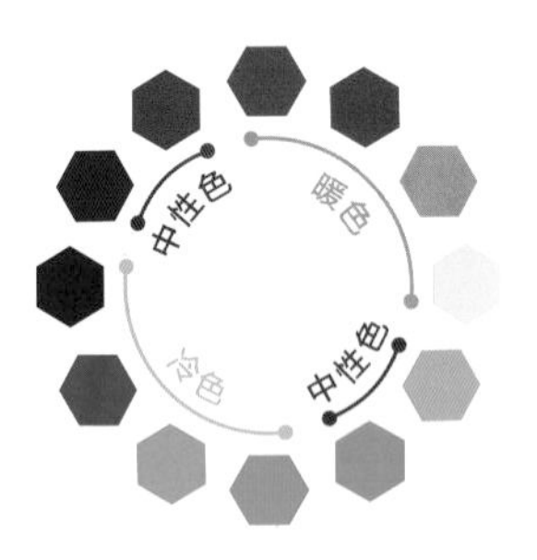

蓝色、水色（青色）等令人感到冰凉、寒冷的有彩色叫作“冷色”；红色、橙色、黄色等令人感到温暖的有彩色叫作“暖色”。既不符合冷色也不符合暖色的黄绿色、绿色、紫色等感受不到温度的有彩色叫作“中性色”。

纯色 · 清色 · 浊色

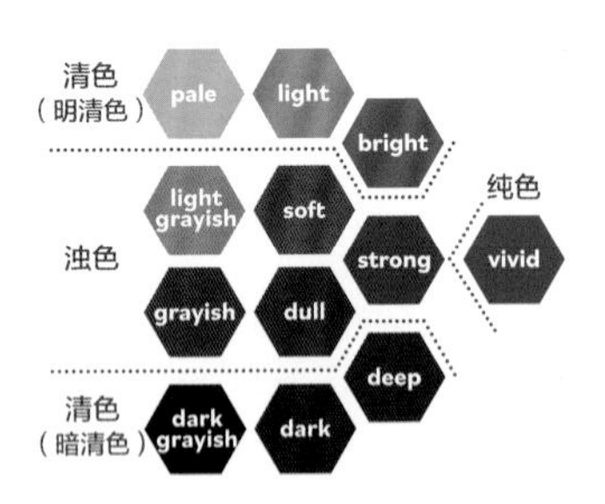

纯色指各个色相中饱和度最高的色彩。
清色指纯色中混入白色或黑色的色彩，混入白色的叫作“明清色”，混入黑色的叫作“暗清色”。
浊色指纯色中混入灰色的色彩。

色彩三要素

色彩在色彩学中由“色相”“明度”“饱和度”这三项因素决定。色彩三要素便是用于整理无穷无尽的有彩色的指标。

色相

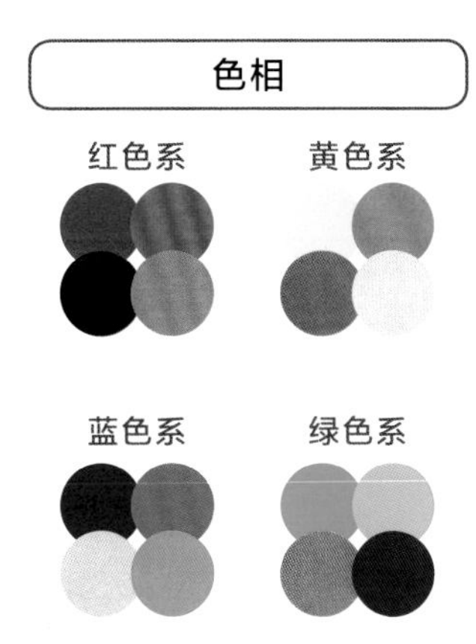

有彩色中有红、黄、蓝、绿这种颜色上的差异。例如，看起来像红色的色彩、像绿色的色彩，这种颜色的判断标准就叫作“色相”。

明度

高

明度

低

“明度”顾名思义，是指色彩的明暗程度。无彩色只有“明度”。明度越高越接近白色，明度越低越接近黑色。

饱和度

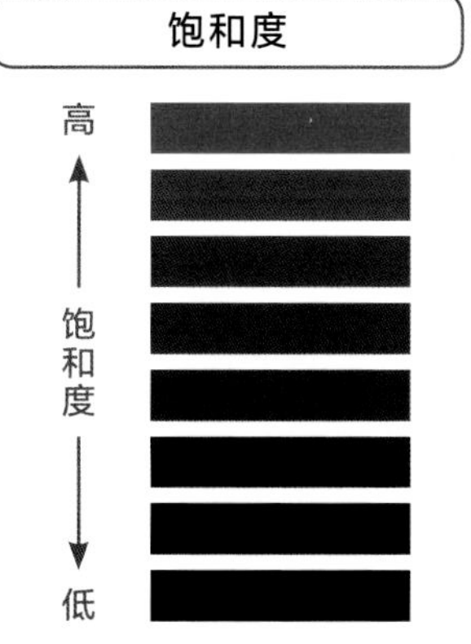

表示色彩鲜艳程度的标准就叫作“饱和度”。饱和度可以用于区分色彩，饱和度低即接近白色或黑色的色彩，饱和度高即颜色看起来很强烈的鲜艳色彩。

利用了色相差的配色

如下图所示，将色相排列成一个圆环就叫作“色相环”！

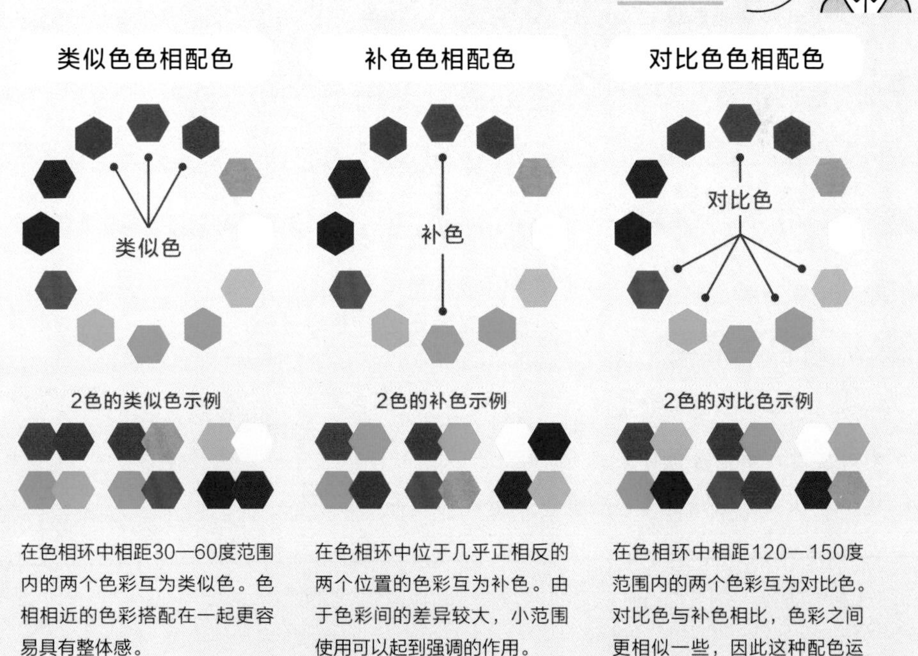

在色相环中相距30—60度范围内的两个色彩互为类似色。色相相近的色彩搭配在一起更容易具有整体感。

在色相环中位于几乎正相反的两个位置的色彩互为补色。由于色彩间的差异较大，小范围使用可以起到强调的作用。

在色相环中相距120—150度范围内的两个色彩互为对比色。对比色与补色相比，色彩之间更相似一些，因此这种配色运用起来相对简单。

色调

“色调”（tone）是从明度与饱和度之间的平衡这个角度去理解色彩的一个概念，指的是明度与饱和度相同并能从中感受到“共通印象”的色相群组。

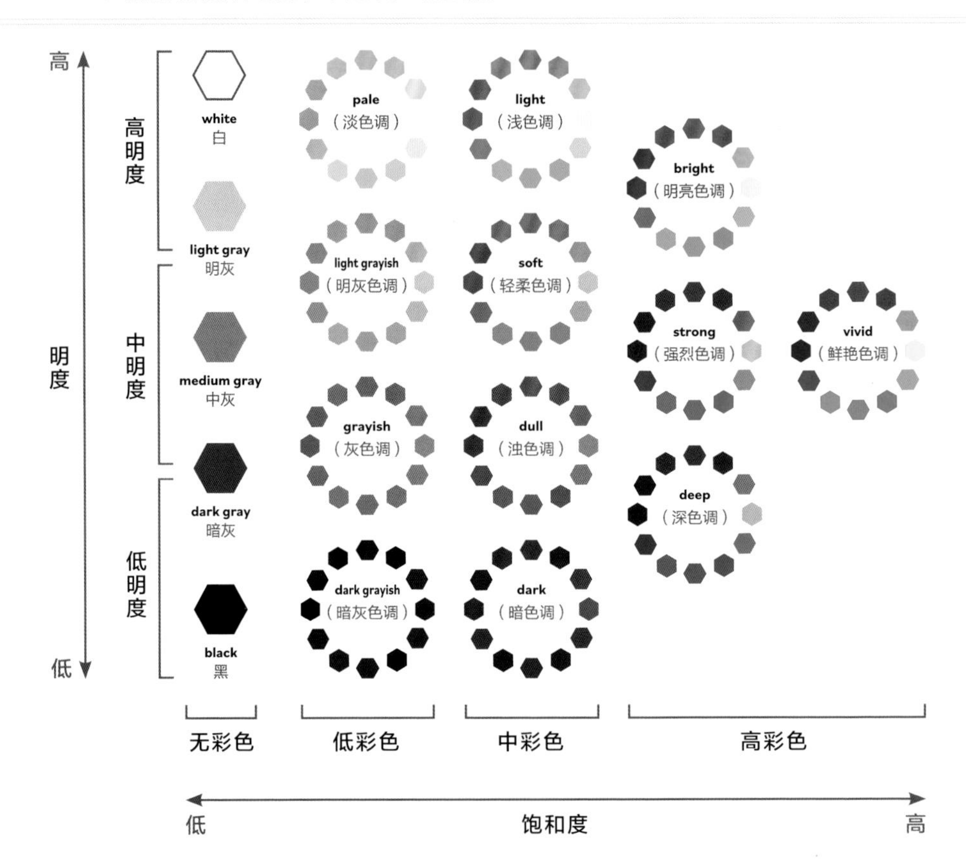

色彩居然有这么多理论啊……
我希望自己可以更加了解色彩，
创作出能够正确表达信息的设计！

配色是设计中的重要元素之一，
要充分理解配色的概念，培养身为设计师的色感！

对色调的认识在使用色彩的过程中尤为重要。在懂得色彩知识的基础之上去选择使用的色彩，可以创作出具有说服力的设计。

· 本书的使用方法 ·

以每个主题 6 页的形式，讲解由普通设计变为时尚设计的修改要点

“能创作出普通的设计，但是创作不出专业人士那种时尚的设计。”“能感觉到哪里不太对，却不清楚到底该修改哪里又该如何修改。”本书以每个主题6页的形式，介绍了设计新手们常见的问题与解决方法。
其中包括不同配色的设计效果、版式、字体的选择、色彩本身给人的印象等内容，都非常值得参考。

关于字体

本书所使用的字体，除部分免费字体外，均由Adobe Fonts及MORISAWA PASSPORT提供。Adobe Fonts是由奥多比系统公司提供服务的高品质字体库，所有Adobe Creative Cloud用户都可以使用这项服务。MORISAWA PASSPORT是由MORISAWA提供服务的字体版权产品，可以使用种类丰富的花体字。关于Adobe Fonts及MORISAWA PASSPORT的详情和技术支持等内容，请参照各公司的主页。
※本书所使用的字体均为上述服务于2021年11月所提供的字体。

注意事项

■ 本书中所记载的公司名称、商品名称、产品名称等均为各公司的注册商标或商标。
本书中未标明®、™。

■ 本书中作为示例出现的商品、店铺名称和地址等均为虚构。

第1页

旧案例

欠佳小姐设计的“还不错但是不够时尚漂亮的示例”。从NG（欠佳）示例中可以看到许多设计新手和不常做设计的人容易出现的问题点。

第2页

新案例

得到优秀前辈的建议，并根据建议进行修改后的OK（优秀）示例。以配色为主，从字体、版式等各种角度进行改进，最终制作出了一个出色的设计。

设想实际情景的分类标题

客户的委托内容备忘录

欠佳小姐的苦恼：
按自己的想法去设计，
却达不到想要的效果。

优秀前辈针对欠佳小姐的问题给出建议。

第3页

找出问题点

逐一找出欠佳小姐的设计中出现的问题点。自己认为这样应该不错的设计，有时反而会产生反效果。

第4页

修改方法及其目的

总结为了让设计更加时尚漂亮而做出修改的地方，并解释出于什么目的做出那样的修改。

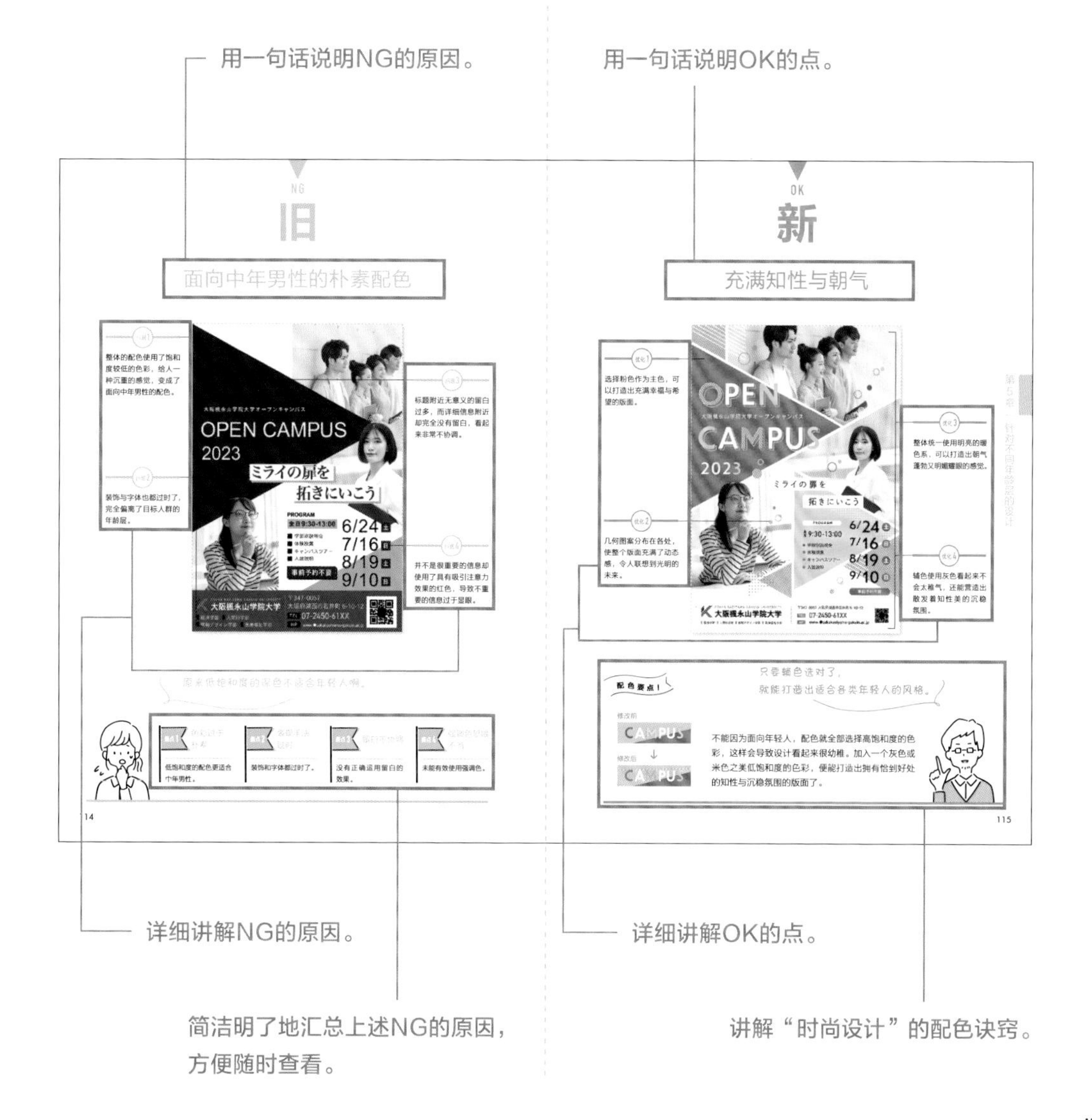

第5页　第6页

按目的分类的配色示例

介绍了各种不同的设计版式与配色。根据意图与目标人群选择色彩，即使是同样的内容，表达信息的形式也会有所变化。学习符合设计理念的配色示例，并将其吸收为自己的创意经验吧。

色彩数值与迷你示例

书中标明了示例中实际用到的色彩数值。如果有符合自己设计理念的色彩，欢迎活学活用。使用相同配色创作的迷你示例都使用了汇集配色诀窍之精华的高效用法，作为色彩的使用实例很有参考价值。

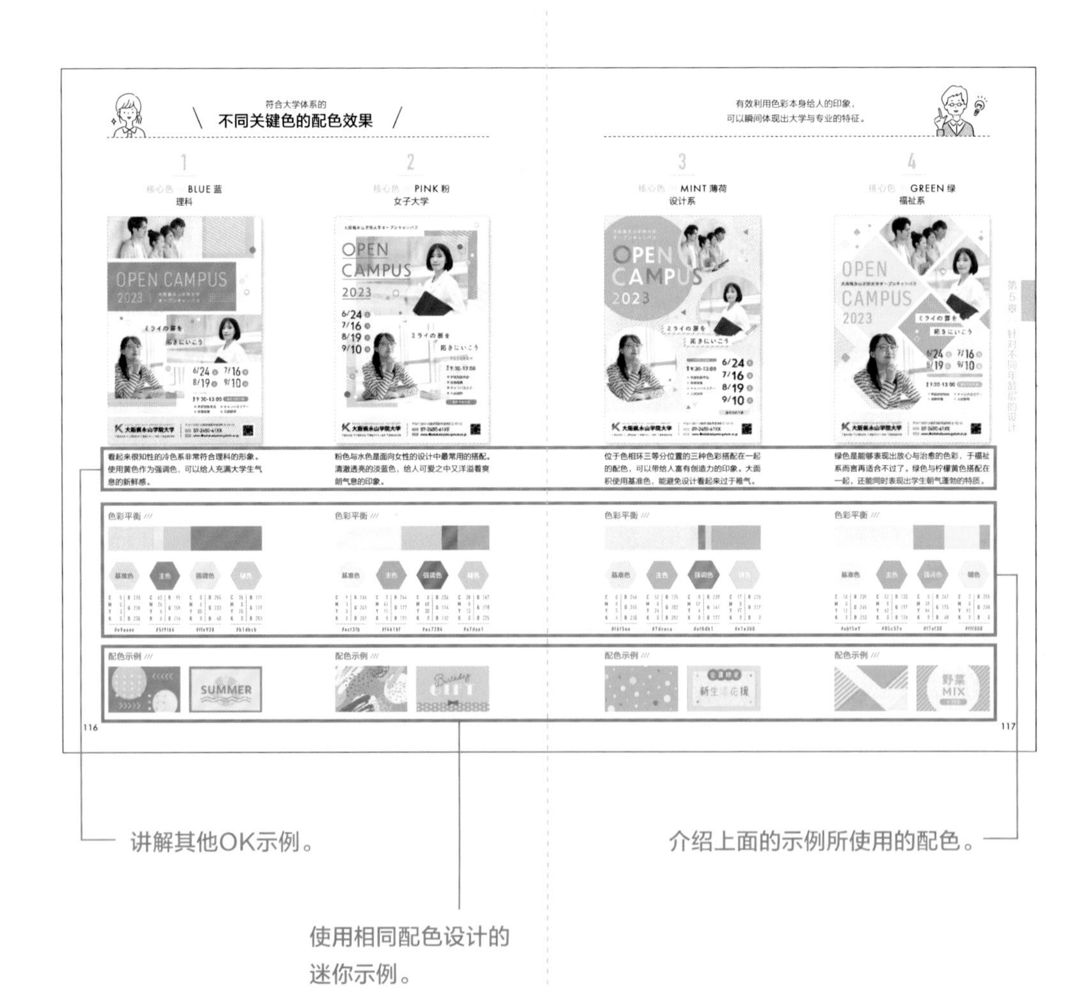

· 目录 ·

SPF50+ PA++++
瞬間爽快
UV SPRAY
UVスプレー
この夏は絶対焼かない宣言。
太陽を味方に。
SHU SHU RESH

OTO FES 2023
music festival
7/15 sat
16 sun
17 mon
@YUGAMA PARK
OPEN/10:00 CLOSE/20:00 ticket/¥5,500
年に一度の
野外音楽祭

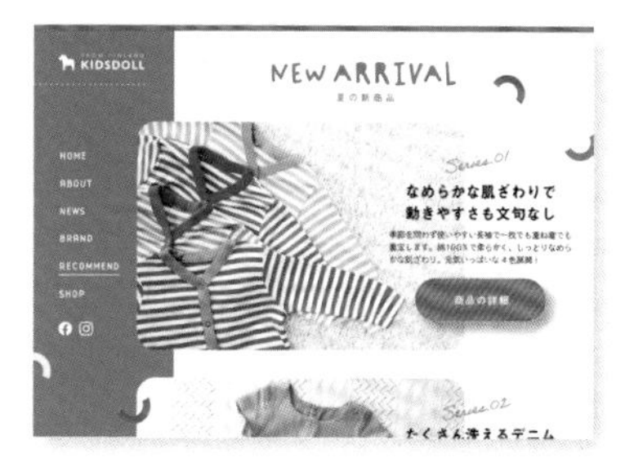

KIDSDOLL
NEW ARRIVAL
HOME
ABOUT
NEWS
BRAND
RECOMMEND
SHOP
Series.01
なめらかな肌ざわりで
動きやすさも文句なし
Series.02

Pop Up Shop
6/2 fri
11 sun
open 11:00 / close 20:00
The first ever, LILELA's in JAPAN
LI LE LA

GRAND
OPEN
2023.3.4

OPEN
CAMPUS
2023
ミライの扉を
拓きにいこう
6/24
7/16
8/19
9/10
大阪桃永山学院大学
07-2450-61XX

パンだけど、日本食。
Open sandwich & Coffee
米粉、米油、国産フルーツ使用。
日本人が作る日本人のためのパンごはん。
JaPa
SANDWICH
CAFE

これからも
あなたらしく
輝ける毎日を。
居室
施設

第6章

Happy Valentine
CHOCOLATE
FESTIVAL
2023
2.11sat - 12sun
@MELMA 5F
10:00-19:00

母の日
5.14
sun
お母さんいつもありがとう
2023
MOTHER'S
DAY
THANKS
MOM
オススメギフト特集

ひとあし早く
クリスマスがやってきた♪
参加無料
クリスマス
マーケット
in KOBE105
12.17-12.25
10:00-20:00
KOBE105 中庭広場

岩森亭の
【三段重】
おせち
ご予約開始
全50品目
無料配送
岩森亭

第 7 章

GOOLA
全商品
対象
新作をお得に
GET!
WEB
STORE
限定
2 BUY
20% OFF
2023
7.7fri 12:00 - 7.10mon 11:59

数量
限定
史上最高厚
パティ
2倍量
肉厚
8/12~
HOME FRESH BURGER

第 8 章

Always challenging
interview
interview
中途採用
大規模募集

LID-Fit
3ヶ月集中パーソナル!
理想のカラダを手に入れる!
GRAND
OPEN
2023.10.5THU
オープニング入会キャンペーン
¥0
¥0
¥0
LID-Fit

第 9 章

第 1 章

流行风格设计

防晒喷雾的宣传海报

为了体现出炎炎夏日与流行风格，
我尝试使用纯色打造出了鲜艳的效果！

客户需求备忘录

- 想要看着就感到十分清凉的清爽效果。
- 目标人群是年轻人，希望打造成流行风格。

可以理解你的想法，但这样的设计毫无清爽感可言，
最关键的是还看不清内容！

NG

旧

全是纯色看起来很闷热

我还以为“鲜艳的效果＝使用纯色”，
原来将纯色与纯色搭配在一起会这么不协调啊……

痛点1 产品不够醒目

产品和背景的饱和度与明度都一样，导致看不清产品。

痛点2 全部使用纯色很土气

将纯色胡乱搭配在一起，看起来非常外行。

痛点3 过度变换色彩

过多地变换色彩，看起来很繁杂。

痛点4 看不清文字

整体看起来令人眼花缭乱，根本看不清文字信息。

OK

新

降低饱和度打造清爽感

优化1

冷色（后退色）与暖色（前进色）搭配在一起，能够更加突出产品，使产品跃入人们的眼帘。

优化2

要注意字号较小的文字信息与背景色的对比度。此处使用了饱和度没那么高的绿色。

优化3

字体使用简单的一种颜色，只在重要的文字信息部分改变颜色，效果会更加出众。

优化4

在4色的配色之中加入少量白底，可以表现出随性松弛的效果，看起来十分清爽。

如果需要使用纯色，可以将纯色的数量缩减到一种，同时降低其他色彩的饱和度，这样看起来会更协调。

纯色与纯色搭配在一起时的对比过于强烈，容易导致看不清文字信息。如果需要使用纯色，可以缩减纯色的数量，将纯色与能衬托出其优点的色彩搭配在一起会更具整体感。色彩数量较多时可以降低色彩的饱和度，这样搭配起来会更加简单一些。

符合目的的

不同关键色的配色效果

1

核心色 /// BLUE 蓝

打造清凉的爽快感

以明度较高的蓝色为关键色，整体统一使用冷色系，可以打造出舒适的爽快感及炎炎夏日里最渴望的清凉感。

色彩平衡 ///

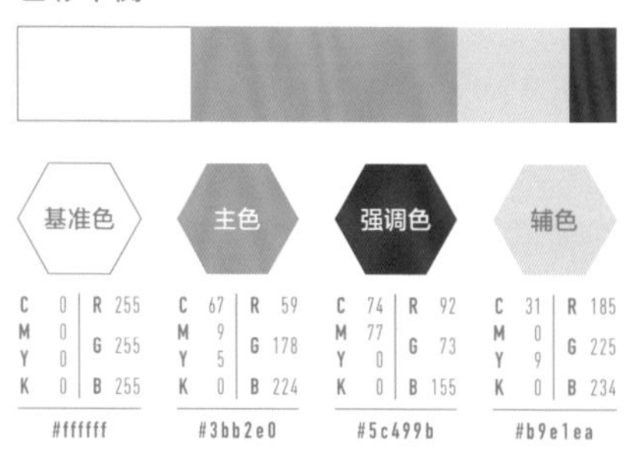

	基准色	主色	强调色	辅色
C	0	67	74	31
M	0	9	77	0
Y	0	5	0	9
K	0	0	0	0
R	255	59	92	185
G	255	178	73	225
B	255	224	155	234
	#ffffff	#3bb2e0	#5c499b	#b9e1ea

配色示例 ///

2

核心色 /// PINK 粉

提高对女性的宣传效果

高饱和度的鲜艳粉色是对年轻女性最具宣传效果的色彩。这个配色考虑到了购买人群的偏好，有助于提高销量。

色彩平衡 ///

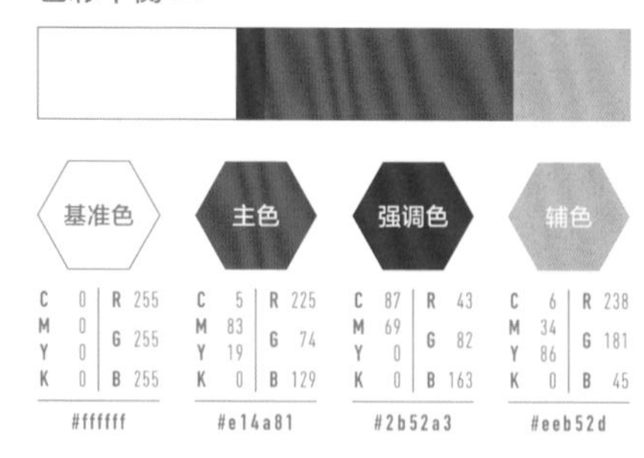

	基准色	主色	强调色	辅色
C	0	5	87	6
M	0	83	69	34
Y	0	19	0	86
K	0	0	0	0
R	255	225	43	238
G	255	74	82	181
B	255	129	163	45
	#ffffff	#e14a81	#2b52a3	#eeb52d

配色示例 ///

先明确想要宣传什么，
再决定关键色，可以强化宣传效果。

3

核心色 /// GRAY 灰
打造高级感

灰色很有都市风格，给人一种富有格调的印象，还能够突显强调色。需要宣传高级感与功效时推荐使用这个配色。

色彩平衡 ///

	基准色	主色	强调色	辅色
C	24	53	23	60
M	18	42	0	0
Y	17	39	81	25
K	0	0	0	0
R	203	137	211	95
G	203	141	223	193
B	204	143	72	199
	#cbcbcc	#898d8f	#d3df48	#5fc1c7

配色示例 ///

4

核心色 /// ORANGE 橙
提高吸引力

橙色与红色的组合热情洋溢，具有提高吸引力的效果。只要统一使用同色系的色彩，即使是高饱和度的色彩也不会显得凌乱，还能体现出整体感。

色彩平衡 ///

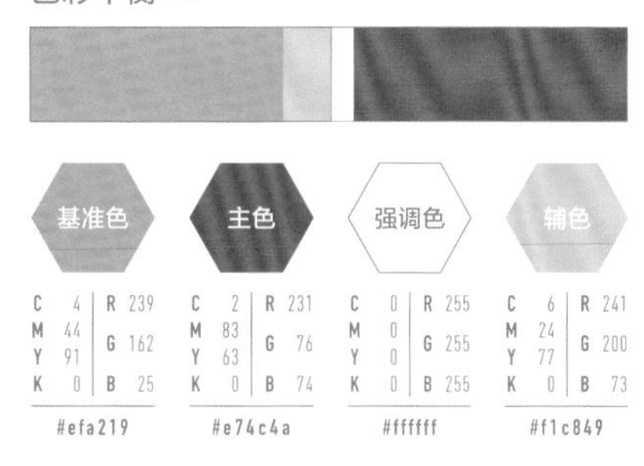

	基准色	主色	强调色	辅色
C	4	2	0	6
M	44	83	0	24
Y	91	63	0	77
K	0	0	0	0
R	239	231	255	241
G	162	76	255	200
B	25	74	255	73
	#efa219	#e74c4a	#ffffff	#f1c849

配色示例 ///

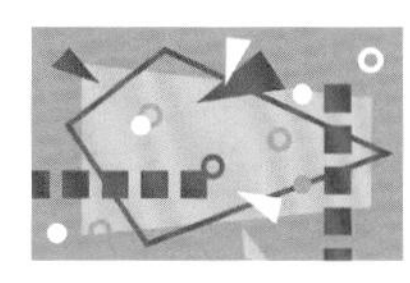

旧 NG

我本打算设法通过字体颜色与背景图案来打造出动态感的……

客户需求备忘录

- 以广泛的年龄层为目标人群，以求召集到各种不同风格的艺术家。
- 虽然海报只有文字与图案，但是希望可以打造出充满动态感的设计以体现自由的音乐性。

新 OK

哎呀，先别管什么动态感了，
这个配色已经让人完全看不进去文字信息了。

NG

旧

文字与背景色融为一体看不清内容

问题1

部分文字与背景色融为一体，看不清内容。

问题2

背景图案与详细的文字信息混在一起，看起来杂乱无章。

问题3

部分文字莫名地突出，感觉很奇怪。

问题4

红与黑的搭配看起来很有刺激性，给人一种惊悚的感觉，用在这里不太合适。

因为素材只有文字与图案，我想尽量让画面看起来热闹一些，结果反而导致看不清具体内容了……

痛点1 没有明度差

字体颜色与背景色的明度差较小，看不清内容。

痛点2 图案的色彩过于明亮

图案与文字的明度差较小，互相干扰。

痛点3 信息的优先顺序不明确

应当只在需要突出的地方使用醒目的色彩。

痛点4 饱和度的差异过于强烈

这里不适合使用强烈的配色。

OK

新

明度差有助于传达信息

优化1
文字信息使用了3种色彩，但是因为与背景色的对比明显，所以看起来还是一个整体。

优化2
背景色与字体颜色的明度差很明显，图案不会妨碍到文字信息，给人感觉很舒畅。

优化3
有彩色（粉色）与无彩色（白色）的对比突显了文字信息。

优化4
活动名称以外的文字信息统一使用一个颜色，阅读起来清晰明了，看一眼就能掌握大致内容。

配色要点！

背景与文字信息有明显的明度差，可以有效地传达信息。

修改前

↓

修改后

FESTIVAL

想要打造出自由又热闹的氛围时，很容易想到使用多种色彩这一手法。在使用多种色彩的时候，只要注意明度差及考虑好如何更好地传达信息，便可以打造出热闹非凡的设计效果！

符合音乐类型的

不同色彩的配色效果

1

基准色
YELLOW 黄
///
拉丁音乐

以黄色为基准色，搭配红色与绿色组成民族风配色，再用紫色加以点缀，便可以打造出能令人联想到拉丁音乐的氛围。这是个看一眼便会感到心情愉悦的配色。

色彩平衡 ///

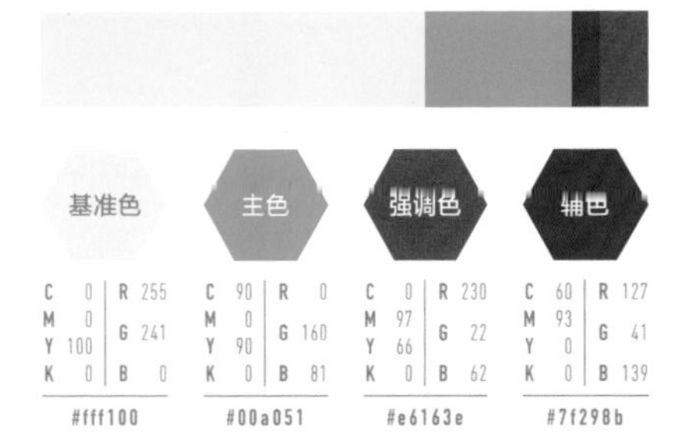

	基准色	主色	强调色	辅色
C	0	90	0	60
M	0	0	97	93
Y	100	90	66	0
K	0	0	0	0
R	255	0	230	127
G	241	160	22	41
B	0	81	62	139
	#fff100	#00a051	#e6163e	#7f298b

配色示例 ///

2

基准色
BLACK 黑
///
电子流行音乐

以黑色为基准色，字体颜色使用冷色系，可以打造出无机物的感觉。这个配色非常适合用来表现最尖端的电子音乐。

色彩平衡 ///

	基准色	主色	强调色	辅色
C	0	69	44	16
M	0	0	86	5
Y	0	14	0	0
K	100	0	0	14
R	0	32	158	200
G	0	185	59	212
B	0	216	145	225
	#000000	#20b9d8	#9e3b91	#c8d4e1

配色示例 ///

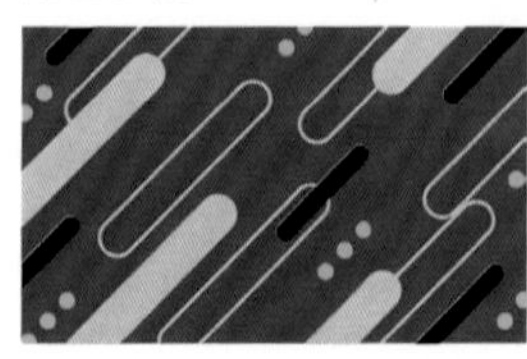

调查该类音乐的文化与历史，
有助于提高关于配色的想象力。

3

基准色
BLUE 蓝
///
嘻哈音乐

红、黄、蓝是最适合体现复古街头感的配色。以蓝色为基准色，可以与文字形成明度差，将文字衬托得非常显眼，有利于迅速传达信息。

色彩平衡 ///

基准色	主色	强调色	辅色
C 100 M 76 Y 0 K 0 / R 0 G 69 B 156	C 0 M 3 Y 91 K 0 / R 255 G 238 B 0	C 0 M 87 Y 61 K 0 / R 232 G 65 B 74	C 91 M 40 Y 0 K 75 / R 0 G 42 B 81
#00459c	#ffee00	#e8414a	#002a51

配色示例 ///

4

基准色
RED 红
///
日本流行音乐

以暖色系为基准色，搭配黑色与金色，可以打造出日本流行音乐的特色。高饱和度的色彩搭配在一起不会显得过于朴素，能给人一种时尚流行的印象。

色彩平衡 ///

基准色	主色	强调色	辅色
C 2 M 100 Y 100 K 9 / R 215 G 0 B 16	C 0 M 35 Y 0 K 95 / R 47 G 18 B 27	C 12 M 17 Y 100 K 0 / R 232 G 205 B 0	C 5 M 83 Y 100 K 0 / R 227 G 77 B 13
#d70010	#2f121b	#e8cd00	#e34d0d

配色示例 ///

儿童服装品牌的主页

FROM FINLAND
KIDSDOLL
NEW ARRIVAL
夏の新商品
HOME
ABOUT
NEWS
BRAND
RECO MMEND
SHOP
SERIES.01
なめらかな肌ざわりで
動きやすさも文句なし
季節を問わず使いやすい長袖で一枚でも重ね着でも重宝します。綿100％で柔らかく、しっとりなめらかな肌ざわり。元気いっぱいな4色展開！
商品の詳細
旧
NG

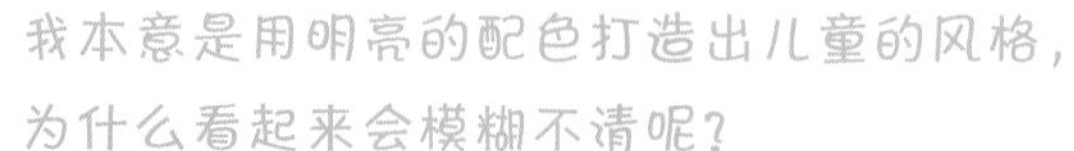

我本意是用明亮的配色打造出儿童的风格，
为什么看起来会模糊不清呢？

客户需求备忘录

- 希望打造出儿童开朗活泼的感觉。
- 最理想的是打造出能展现童趣且充满惊喜感的效果。

新 OK

色彩的对比过于强烈，产生了晕影效果。
可以试试降低饱和度。

旧

晕影导致画面看起来很刺眼

问题1
明度差较小的高饱和度色彩相邻会产生晕影效果，看起来会很刺眼。

问题2
配色的问题导致看不清文字信息，照片反而成了最醒目的内容，这使得信息的导向变得不太清晰。

问题3
黑色的字体置于灰蓝色背景之上，对比度较低，这会导致看不清文字内容。

问题4
条纹使用的两个色彩为互补色，因此发生了色彩的同化现象，导致橙色看起来不够鲜明。

我还以为只要提高色彩的饱和度就会很有儿童风格，
原来色彩搭配起来是否协调也很重要啊。

痛点1 晕影

色彩的对比过于强烈，看起来很刺眼。

信息导向不清晰

配色的问题导致信息的导向不够清晰。

对比度较低

对比度较低导致看不清文字内容。

色彩的同化现象

互补色相邻导致色彩看起来不鲜明。

OK

新

充满童趣又清晰明了

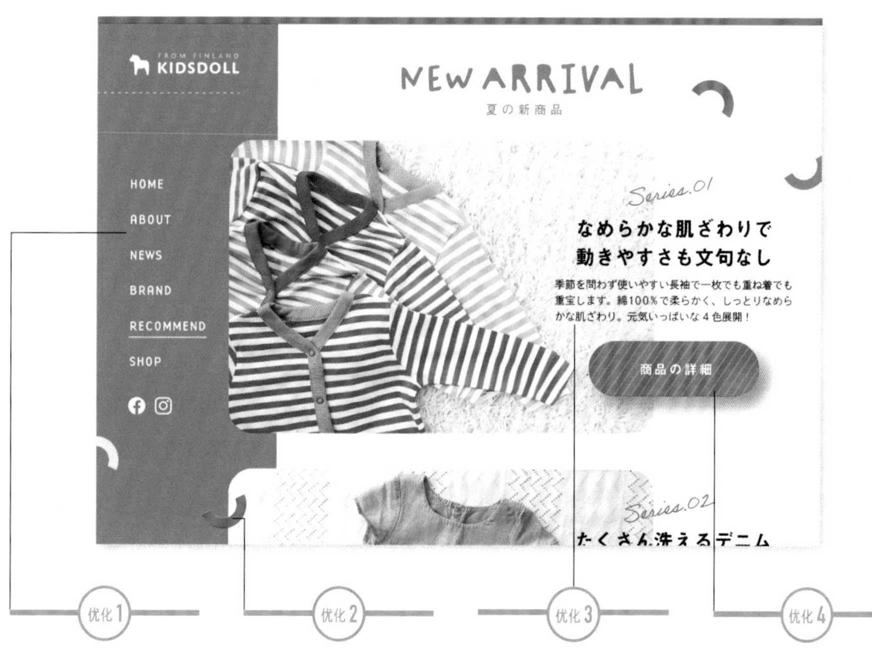

优化1
以沉稳的蓝色为基准色，白色的文字看起来清晰明了。

优化2
鲜艳色彩与鲜艳色彩搭配在一起，只要范围比较小，便不容易出现视觉上的问题，因此可以使用。

优化3
背景比较白，所以文字信息使用了黑色。文字内容清晰明了。

优化4
条纹由同色系的色彩构成，色彩不会变浑浊，还给人一种很可爱的感觉。

避免使用饱和度过高的色彩，
较小的文字使用无彩色（白、黑、灰），
只要贯彻这两点便不会出错。

配色要点！

修改前

修改后

SUBMIT

使用多个饱和度过高的色彩时会产生晕影效果，令观者产生不适感。需要打造面向儿童的五彩缤纷的效果时，使用稍稍降低饱和度的色彩，可以营造出看起来更舒服、更欢快的氛围。

符合品牌形象的

不同色彩的配色效果

1 基准色 CREAM 奶油

///

自然

以淡淡的奶油色为基准色，可以添上温和、柔软的感觉。奶油色还缓和了高饱和度的绿色与橙色，将这两个色彩衬托得更加鲜明。

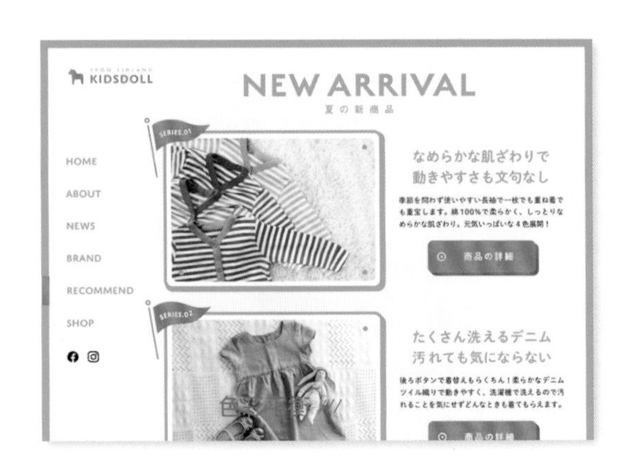

色彩平衡 ///

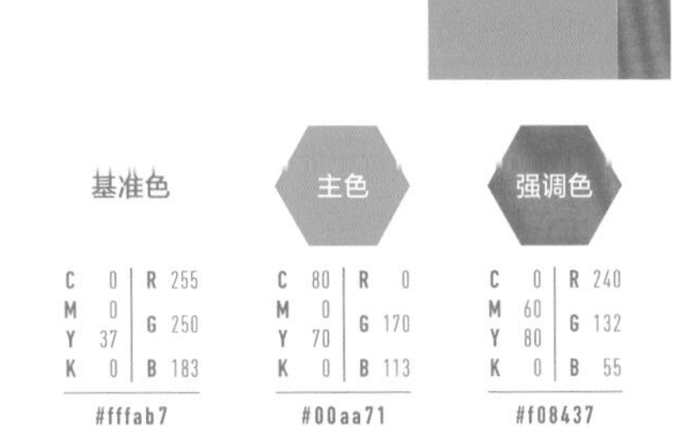

	基准色	主色	强调色
C	0	80	0
M	0	0	60
Y	37	70	80
K	0	0	0
R	255	0	240
G	250	170	132
B	183	113	55
	#fffab7	#00aa71	#f08437

配色示例 ///

2 基准色 CYAN 青

///

随性

鲜明的青色（水色）与粉色相邻时也会变得模糊不清，但是只要控制好使用面积，只在关键部分使用，便会是一个无论男女都会产生好感的配色。尤其是在夏天，这种配色有很强的宣传效果。

色彩平衡 ///

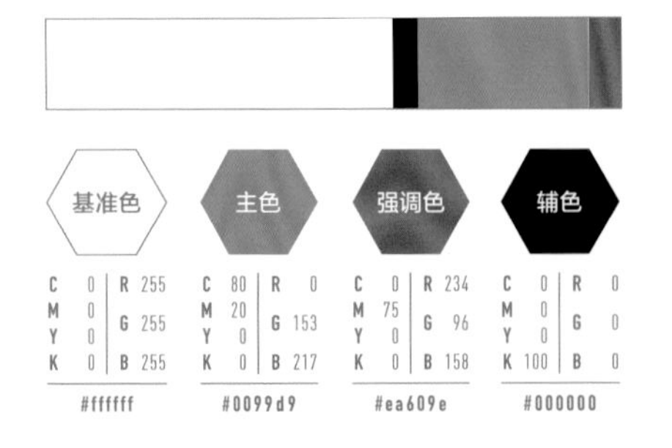

	基准色	主色	强调色	辅色
C	0	80	0	0
M	0	20	75	0
Y	0	0	0	0
K	0	0	0	100
R	255	0	234	0
G	255	153	96	0
B	255	217	158	0
	#ffffff	#0099d9	#ea609e	#000000

配色示例 ///

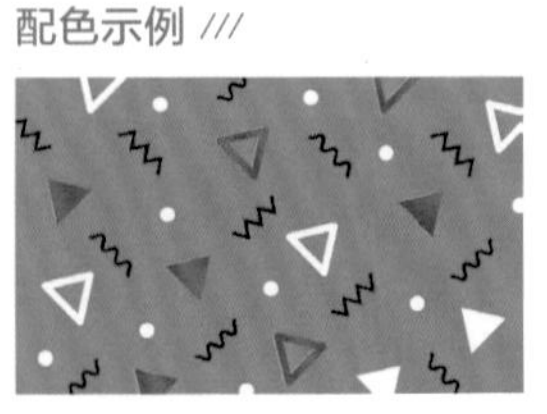

来看看以容易产生晕影效果的高饱和度色彩为主色，
该如何搭配才能达到最佳效果吧。

3 基准色 YELLOW 黄

流行

只要在分配上多花些心思，纯色用起来也得心应手。容易产生晕影效果的色彩，说到底就是“容易看见的色彩”，用在需要吸引人们目光的按钮等地方效果会非常好。

色彩平衡 ///

基准色	主色	强调色	辅色
C 0 / M 10 / Y 80 / K 0	C 8 / M 90 / Y 0 / K 0	C 80 / M 50 / Y 0 / K 0	C 0 / M 0 / Y 0 / K 0
R 255 / G 227 / B 63	R 219 / G 46 / B 139	R 48 / G 113 / B 185	R 255 / G 255 / B 255
#ffe33f	#db2e8b	#3071b9	#ffffff

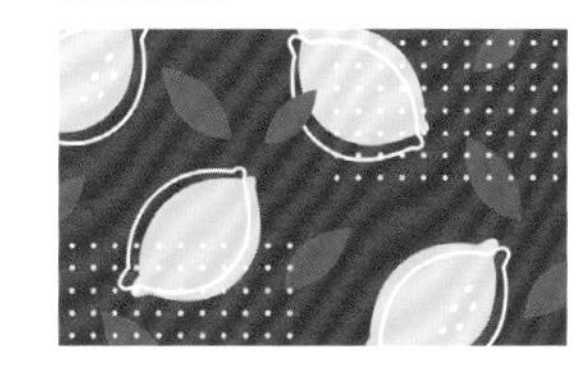

4 基准色 NAVY 深蓝

古典

在深蓝色的背景上使用红色的字体会产生晕影效果，但是只要能够避免这一点，便可以制作出张弛有度的设计。方法很简单，只要在这两种色彩之中加入另一种色彩就行了。

色彩平衡 ///

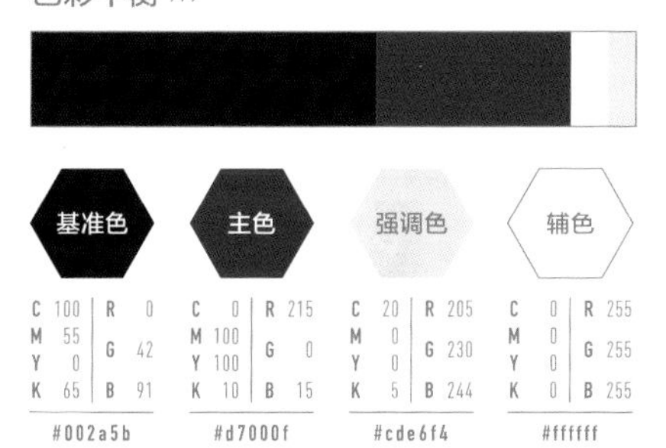

基准色	主色	强调色	辅色
C 100 / M 55 / Y 0 / K 65	C 0 / M 100 / Y 100 / K 10	C 20 / M 0 / Y 0 / K 5	C 0 / M 0 / Y 0 / K 0
R 0 / G 42 / B 91	R 215 / G 0 / B 15	R 205 / G 230 / B 244	R 255 / G 255 / B 255
#002a5b	#d7000f	#cde6f4	#ffffff

配色示例 ///

服装品牌的快闪店宣传广告

为了表现购买欲与夏日气息，
我尝试用橙色与蓝色打造出了清爽的风格！

客户需求备忘录

- 以20至30岁的男女为目标人群，风格敏锐的服装品牌。
- 产品以夏季服饰为主，希望打造成活力四射而且能激发购买欲的效果。

新 OK

配色的问题导致想要的效果没有达到……
不妨试试用不同明度的同色系色彩吧！

NG

旧

未能体现出设计意图

问题1

高饱和度的亮蓝色与橙色搭配在一起，由于二者互为补色，会使文字看起来模糊不清。

问题2

频繁改变字体的颜色会给人一种凌乱的感觉。只有日期与地点的字体使用了相同的色彩，感觉很奇怪。

问题3

版式很简单，色彩的数量却特别多。这样不仅看不清内容，而且毫无动态感，不符合年轻人的风格。

问题4

尽管字体很大，但是配色的问题导致标题完全无法吸引人的注意力。

为了表现夏天的感觉，我还加入了蓝色，结果感觉只有文字的部分看起来特别突出。

痛点1 互补色

文字与背景的颜色互为补色，导致看不清文字内容。

痛点2 忽略内容，随意改变字体颜色

忽略内容地频繁改变字体颜色，看起来非常混乱。

痛点3 色彩的数量过多

版式与色彩的数量不协调。

痛点4 信息的优先顺序失调

色彩打乱了信息的优先顺序。

OK

新

同色系的色彩具有整体感

优化1
文字配合边框错开产生了一种节奏感，修饰了整个版面。

优化2
仅在一处使用明度最高的色彩——白色，可以不着痕迹地起到强调的作用。

优化3
使用两种不同明度的橙色，可以打造出富有整体感的设计效果。

优化4
同色系的色彩只要有一定的明度差，便可以制作出张弛有度的版面，可以搭配出能打动年轻人内心的配色。

同色系的色彩只要有明显的明度差，便可以打造出富有节奏感的设计。

配色要点！

修改前

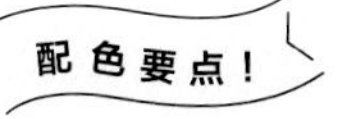

修改后

NEW OPEN

想要宣传品牌就必须打造出符合品牌风格的设计。配色与品牌形象有着很大的关联，包括主色在内的所有配色统一使用同色系的色彩，不仅看起来具有整体感，还能最直接地体现品牌形象。

符合品牌形象的

不同关键色的配色效果

1

核心色 /// PINK 粉

可爱风格的女性品牌

深粉色与淡粉色搭配在一起，可谓最符合“可爱”这个词的配色了。需要表现甜美可爱的风格时，推荐使用这个配色。

色彩平衡 ///

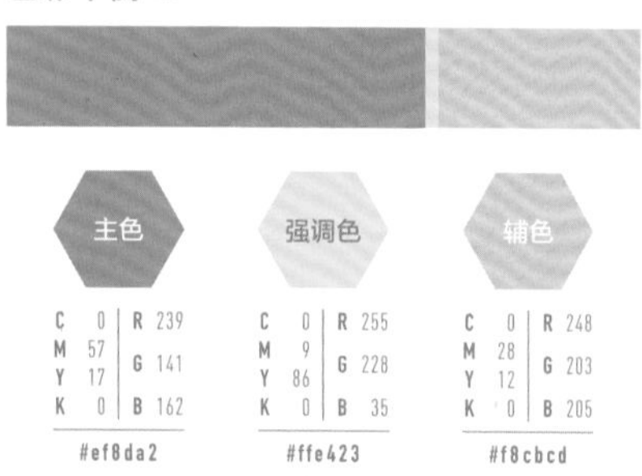

配色示例 ///

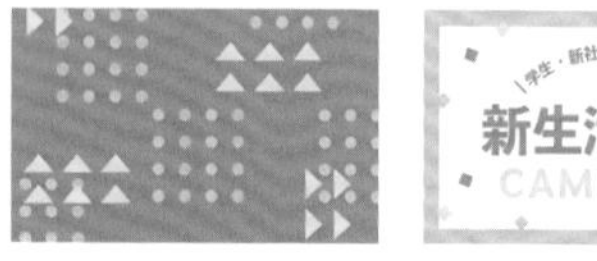

2

核心色 /// BLUE 蓝

运动型街头风格的品牌

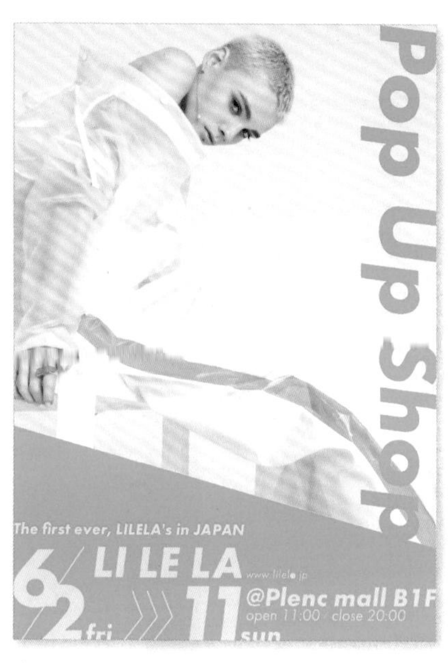

大量使用高饱和度的蓝色，可以打造出爽朗的运动风格。强调色也选择带一点蓝色的黄绿色，就可创作出充满夏日气息的清爽版面。

色彩平衡 ///

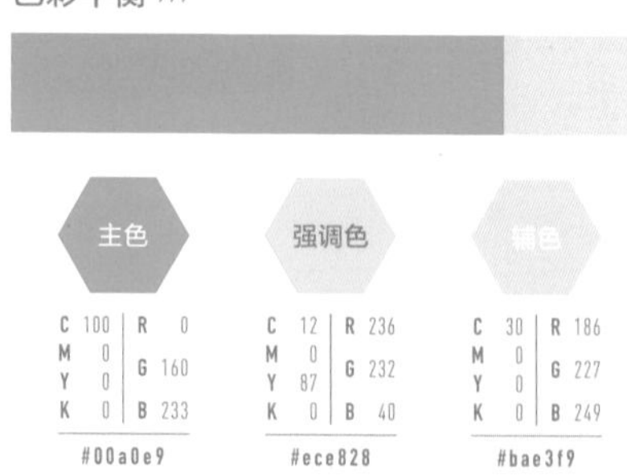

配色示例 ///

利用色彩本身具有的效果，
可以进一步体现品牌形象。

核心色 /// GREEN 绿
新奇的无性别服装品牌

统一使用柠檬、青柠这类充满青春活力的配色，可以让个性十足且富有冲击力的品牌形象得到提升。

色彩平衡 ///

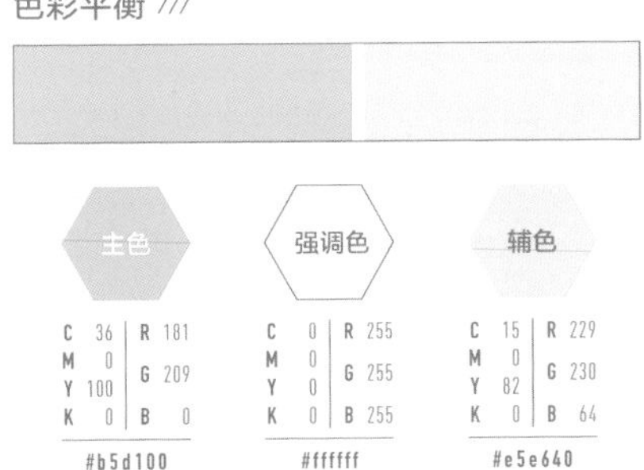

	主色	强调色	辅色
C	36	0	15
M	0	0	0
Y	100	0	82
K	0	0	0
R	181	255	229
G	209	255	230
B	0	255	64
	#b5d100	#ffffff	#e5e640

配色示例 ///

核心色 /// BLACK 黑
风格敏锐的流行品牌

整体使用单一色调配色，可以给人一种敏锐、成熟的氛围。增加明度差可以避免画面看起来过于沉稳，打造出符合年轻人风格的设计。

色彩平衡 ///

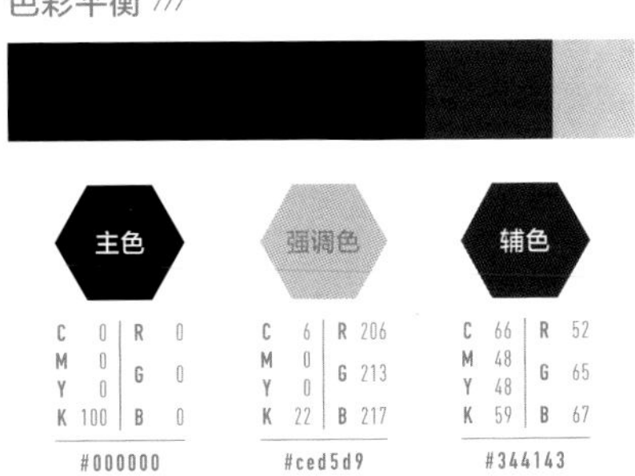

	主色	强调色	辅色
C	0	6	66
M	0	0	48
Y	0	0	48
K	100	22	59
R	0	206	52
G	0	213	65
B	0	217	67
	#000000	#ced5d9	#344143

配色示例 ///

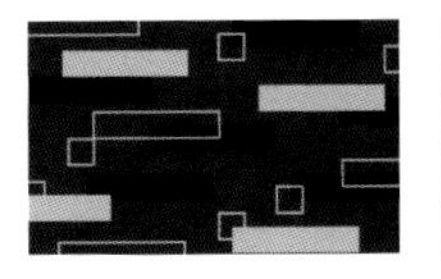

“配合创作理念，巧妙利用明度差”

旧 NG　新 OK

需要视觉冲击力与视觉识别性＝增加明度差

想用流行风格的设计创作出活力四射的版面，注重揽客的效果所以希望设计足够醒目……诸如此类需要视觉冲击力与视觉识别性的情况，可以通过增加字体颜色与背景颜色的明度差来提高吸引力。

旧　新

注重沉稳的氛围＝减少明度差

如果需要打造能令人感到内心平静的沉稳效果，可以尝试将明度差减少到能看清文字的程度。较大的明度差可以提高视觉识别性，却无法营造出沉稳的氛围。

要点

制作版面时，色彩的搭配固然重要，但**包括“明度差”在内的各种因素是否符合创作理念也极为重要。**不是说文字清晰易读便是最好的，关键还要看是否符合设计的意图。

第一个OK示例的背景与文字的明度差较大，**文字信息一目了然，信息的视觉冲击力能够给人留下鲜明的印象。**在制作促销广告和横幅广告之类需要视觉冲击力的版面时，推荐增大明度差。

而在第二组示例中，明度差较小的反而是OK示例。这组示例**偏重于提倡安稳的生活这一杂志理念，为了能提高配色对目标人群的宣传效果，特意减少了色彩的明度差。**刚好足够看清文字内容的明度差，是无损于视觉识别性的窍门所在。巧妙地利用明度差，去制作符合创作理念的版面吧。

第 2 章

淡雅朦胧设计

Info.
Interior shop/Made in JAPAN
GRAND OPEN
2023.3.4
@suik osaka 2F
大阪市本庄区久嶋23-1
tel 030-9987-09XX
open 10:00 /close 20:00
Instagram @bridan●
Twitter @bridan●inte03
HP www.brid●na.jp
Change your room,Change your feeling and Change your life.
Interior shop bricana
bridana
旧
NG

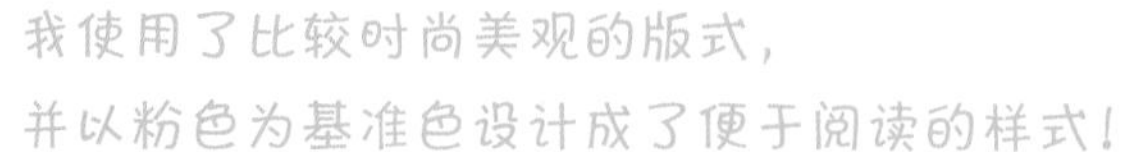
我使用了比较时尚美观的版式，
并以粉色为基准色设计成了便于阅读的样式！

客户需求备忘录

- 自然风格的时尚室内装饰店铺。
- 目标人群是30至40岁的女性，希望打造出沉稳柔和的氛围。

新 OK

配色也要配合版式选择比较时尚的色彩。
从照片中提取色彩能令设计更具整体感。

NG

旧

照片与色彩不协调

问题1

金色具有的强烈印象与自然风格的照片所展现出的氛围不符。

问题2

深粉色过于强烈，文字信息的装饰甚至比照片本身更加抢眼。

问题3

浅粉色很可爱，但是给人的印象比较稚气，与30至40岁的目标人群不符。

问题4

与背景色的对比度过高，看起来不像装饰反而更像主角。

我光注意够不够时尚和显眼了，
看来还应当考虑与照片是否相配呀。

痛点1 色彩与照片不协调

气势十足的色彩与色调柔和的照片搭配在一起很不协调。

痛点2 装饰太显眼

装饰比照片和标题更显眼。

痛点3 目标人群不对

配色与目标人群不符。

痛点4 对比度太高

背景部分的对比太强烈，看起来过于显眼。

OK

新

完美贴合照片的氛围

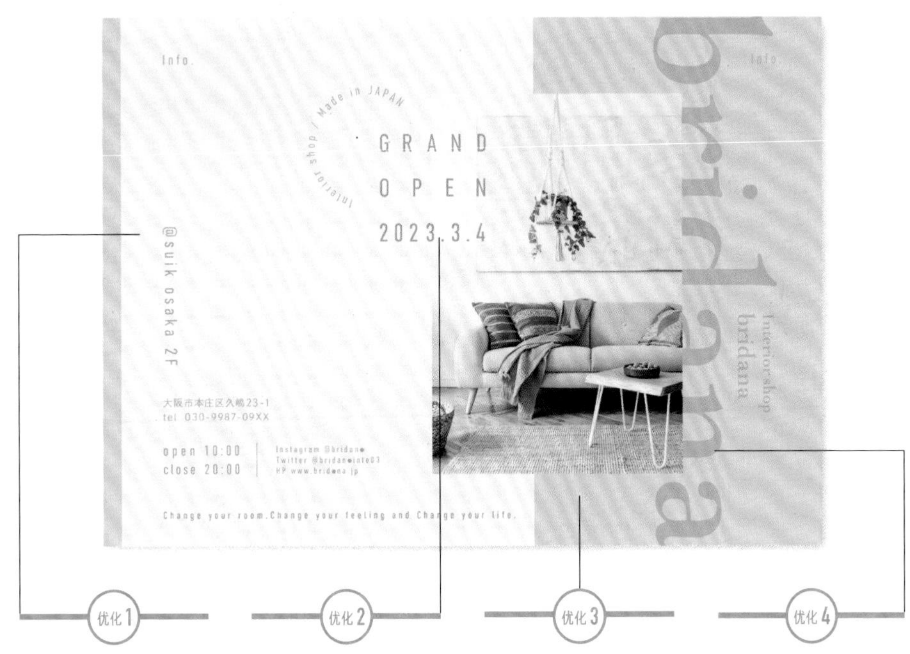

优化1
基准色使用裸色，可以营造出成熟稳重的氛围。

优化2
仅标题周围与文字信息使用了照片中的绿色，恰到好处地修饰了整个画面。

优化3
使用与照片中地板颜色色调一致的色彩，看起来具有整体感，可以完善照片的呈现效果。

优化4
字体颜色采用了与背景色色相一致的色彩，作为背景不会产生不协调的感觉。

配色时不要只顾着突出文字信息，还要考虑色彩与照片的协调性。

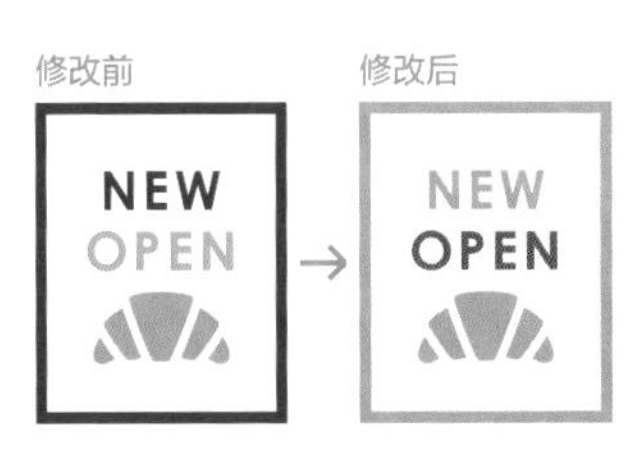

假如要以照片为主视觉图，配色应当最大限度地利用照片中的色彩，这也是非常重要的设计要素之一。配色时从照片中提取色彩，创作出来的设计可以充分体现照片中的氛围和表达。

使用照片中部分色彩的

不同的配色效果

1 主色 BLUE GRAY 蓝灰

///

雅致且摩登

整体以沙发灰中带蓝的浅灰色为主，能够给人一种沉稳的雅致感。使用能令人联想到木制品的棕色作为强调色，可以完美保留自然的风格。

色彩平衡 ///

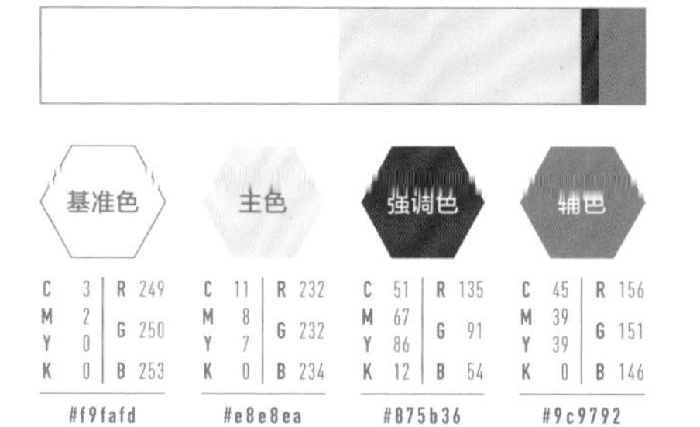

	基准色	主色	强调色	辅色
C	3	11	51	45
M	2	8	67	39
Y	0	7	86	39
K	0	0	12	0
R	249	232	135	156
G	250	232	91	151
B	253	234	54	146
	#f9fafd	#e8e8ea	#875b36	#9c9792

配色示例 ///

2 主色 SAGE GREEN 鼠尾草绿

///

放松

以与赏叶植物同色的鼠尾草绿色为主色，整体由灰色与绿色构成，这样的设计拥有出色的治愈效果。配色统一使用柔和色调，可以营造出一个令人感到放松的氛围。

色彩平衡 ///

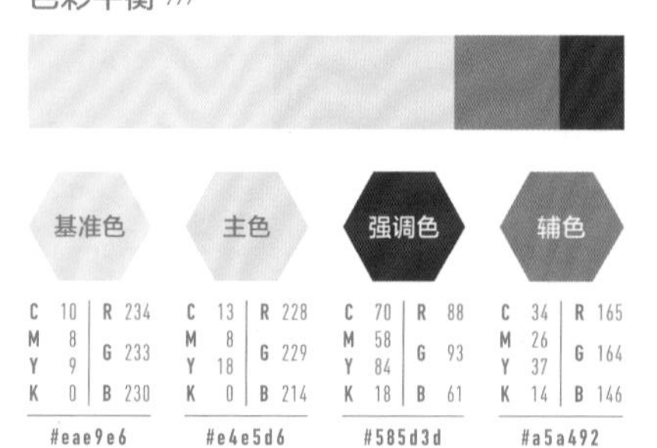

	基准色	主色	强调色	辅色
C	10	13	70	34
M	8	8	58	26
Y	9	18	84	37
K	0	0	18	14
R	234	228	88	165
G	233	229	93	164
B	230	214	61	146
	#eae9e6	#e4e5d6	#585d3d	#a5a492

配色示例 ///

不必将照片中的所有色彩都提取出来使用，
只要配合照片的色调选择色彩，便能打造出符合意图的设计。

3 主色 LIGHT BROWN 浅棕

///

木香与自然

使用地板和家具那种偏黄的棕色，可以营造出温暖又自然的氛围。这个配色适合主要销售木制产品的店铺使用。

色彩平衡 ///

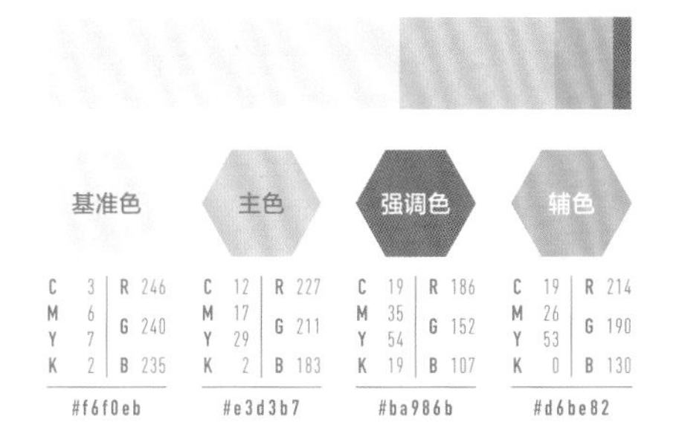

	基准色	主色	强调色	辅色
C	3	12	19	19
M	6	17	35	26
Y	7	29	54	53
K	2	2	19	0
R	246	227	186	214
G	240	211	152	190
B	235	183	107	130
	#f6f0eb	#e3d3b7	#ba986b	#d6be82

配色示例 ///

4 主色 GREIGE 米灰

///

古典

需要体现高级感的时候，使用介于灰色与棕色之间的米灰色不仅足够高雅，还能营造出门槛比较高的印象。这个配色适合用于宣传价位较高的产品。

色彩平衡 ///

	基准色	主色	强调色
C	7	25	46
M	6	22	47
Y	7	23	50
K	0	0	0
R	240	201	155
G	239	195	136
B	237	190	122
	#f0efed	#c9c3be	#9b887a

配色示例 ///

我想要呈现出五彩缤纷的华丽感，
还加入了灰色的强调色。

客户需求备忘录

- 产品是100%有机的花草茶，希望打造出自然的风格。
- 目标人群是30至40岁的女性，需要营造出华丽又沉稳的氛围。

新 OK

想呈现五彩缤纷的效果没有问题，
但是色调过于分散，缺乏整体感。

NG

旧

色调不协调，缺乏整体感

那种莫名不协调的感觉，
原来是色调太分散了啊！

痛点1 色调太分散

背景图案的色调过于分散，看起来很凌乱。

痛点2 互补色过分显眼

配色导致部分图案看起来非常突兀。

痛点3 文字信息不清晰

色调不统一，文字看起来不够清晰易懂。

痛点4 没有留白

标签里没有留白，看起来不协调。

新

统一色调打造沉稳的印象

优化1

所有色彩的色调一致，这样即使色彩的数量再多，依旧能给人沉稳的印象。

优化2

互为补色的色彩在降低饱和度之后便不再刺眼了，不协调的感觉也消失了。

优化3

华丽色彩的饱和度降低后也成为符合目标人群的色调。统一使用明度较高的浊色，可以打造出自然风格的设计效果。

优化4

文字信息采用简单的单色形式。最重要的风味名称可以率先映入眼帘。

需要体现自然的氛围时，统一色调尤为重要。

配色要点！

修改前

NEW COLOR PINK BLUE YELLOW

↓

修改后

NEW COLOR PINK BLUE YELLOW

色调不统一无法创造出完整的设计意图，很有可能无法达到预期的效果，难以打动目标人群。特别是在需要体现出沉稳的氛围及需要使用大量不同色彩等情况下，统一色调可以有效地令设计具有整体感。

符合花草茶印象的

\ 不同关键色的配色效果 /

1

核心色 /// PURPLE 紫

薰衣草

提到薰衣草便会想到紫色。整体统一使用低饱和度的紫色，再配以暗淡的米色作为强调色，可以营造出松弛的感觉。·

色彩平衡 ///

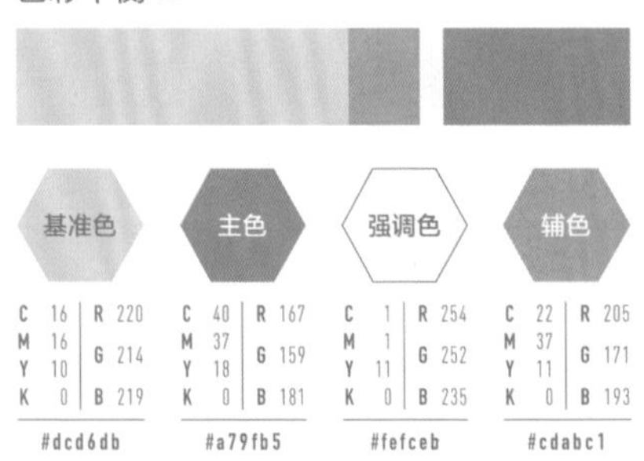

配色示例 ///

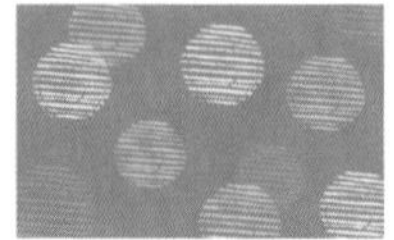

2

核心色 /// YELLOW 黄

柠檬

提到柠檬便会想到黄色，但是大面积使用黄色容易给人一种稚嫩的印象，所以要将黄色与蓝色搭配在一起，以打造出一种沉稳的印象。

色彩平衡 ///

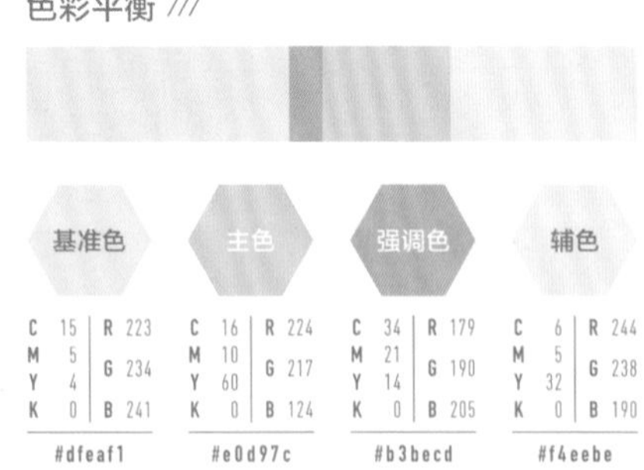

配色示例 ///

可以利用色彩本身给人的印象去表现食品。
配色时需要注意如何才能让人看一眼就想象出食品的气味和味道。

3

核心色 /// PINK 粉

苹果

最能代表苹果的色彩是红色，但是为了体现出自然的氛围，整体配色使用了烟粉色，以暖色系色彩打造华丽的印象。

色彩平衡 ///

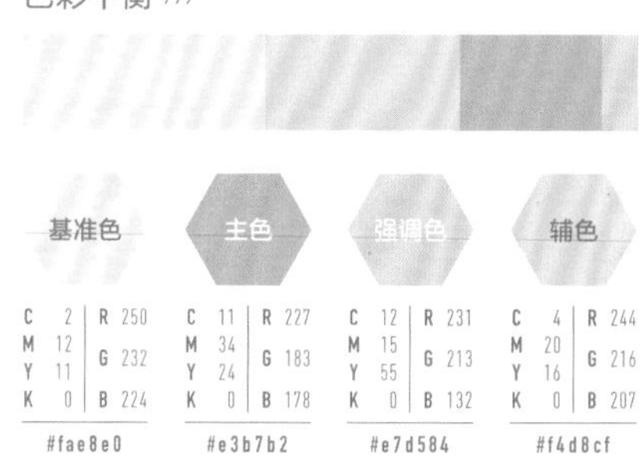

	基准色	主色	强调色	辅色
C	2	11	12	4
M	12	34	15	20
Y	11	24	55	16
K	0	0	0	0
R	250	227	231	244
G	232	183	213	216
B	224	178	132	207
	#fae8e0	#e3b7b2	#e7d584	#f4d8cf

配色示例 ///

4

核心色 /// GREEN 绿

洋梨

使用绿色作为基准色，以体现自然风格与新鲜感。强调色使用暗淡的黄绿色，可以营造出成熟的氛围。

色彩平衡 ///

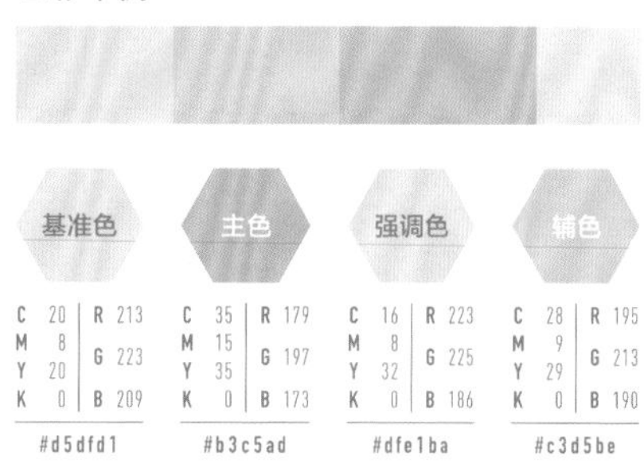

	基准色	主色	强调色	辅色
C	20	35	16	28
M	8	15	8	9
Y	20	35	32	29
K	0	0	0	0
R	213	179	223	195
G	223	197	225	213
B	209	173	186	190
	#d5dfd1	#b3c5ad	#dfe1ba	#c3d5be

配色示例 ///

环保食品企业的广告

我根据环保给人的印象采用了冷色系的配色，
出来的效果却给人一种难以接近的感觉。

客户需求备忘录

- 销售环保食品的企业广告，希望能够优先体现出对地球友好的印象。
- 广告的理想效果是平易近人，让人一看就明白这是一个令人放心且安全的企业。

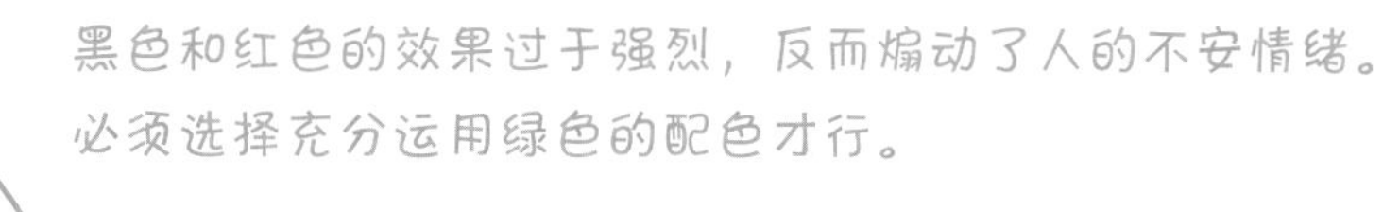

NG

旧

黑色太沉重，不符合环保企业的形象

问题1

看起来是因为重视可读性，所以选择了黑色的字体颜色。但是黑色容易煽动人的不安情绪，与“环保”给人的印象相去甚远。

问题2

红色在这里也是破坏环保印象的因素之一。这个装饰看起来也很死板，与“环保”给人的印象不符。

问题3

只有配图使用了象征“环保”的绿色，给人留下的印象比较淡薄。

问题4

蓝白色的渐变色看起来非常廉价而且过时。

决定配色时如果不把文字信息也考虑进去，给人的印象会很不协调啊。

痛点1 黑色太沉重

色彩与文字内容给人的印象不一致，看起来非常混乱。

痛点2 装饰很死板

色彩和装饰都过于强烈，给人感觉很死板。

痛点3 主色的使用范围不足

主色的使用范围太小，给人留下的印象很淡薄。

痛点4 渐变过时

对比强烈的渐变看起来很过时。

OK

新

用能联想到环保的色彩更平易近人

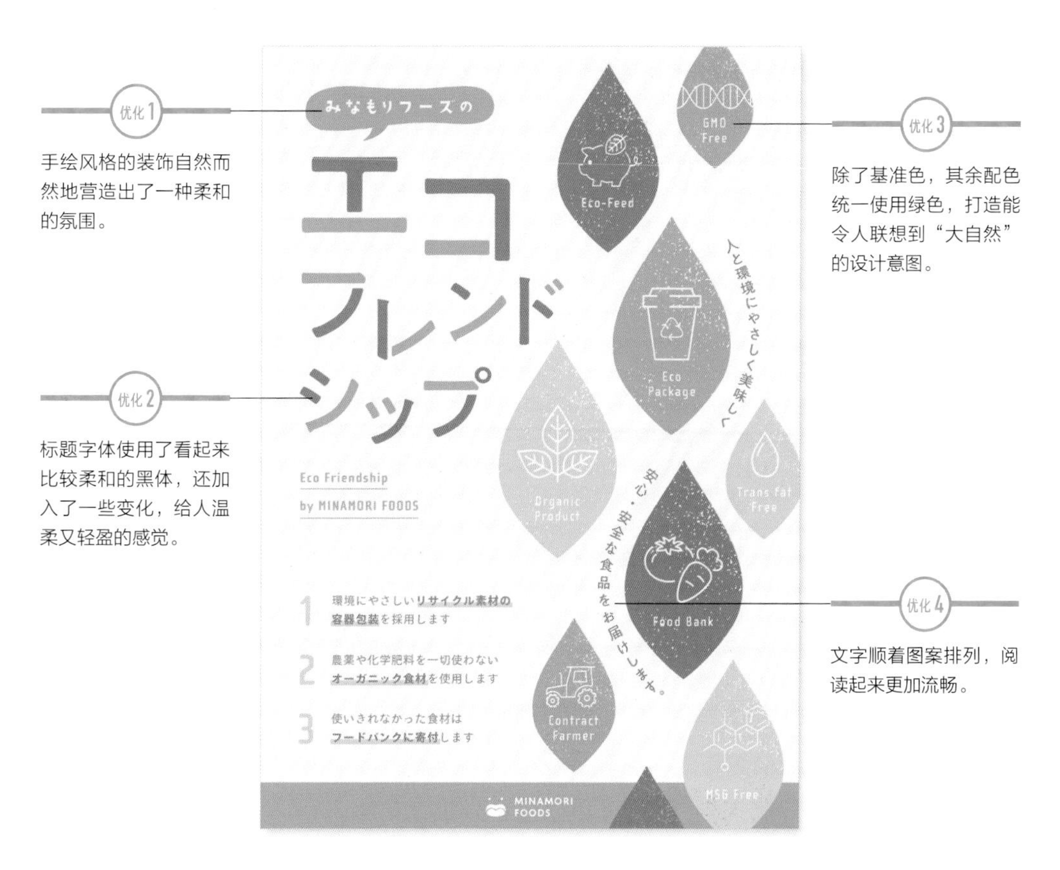

优化1

手绘风格的装饰自然而然地营造出了一种柔和的氛围。

优化2

标题字体使用了看起来比较柔和的黑体，还加入了一些变化，给人温柔又轻盈的感觉。

优化3

除了基准色，其余配色统一使用绿色，打造能令人联想到“大自然”的设计意图。

优化4

文字顺着图案排列，阅读起来更加流畅。

不仅要注意主色的选择，
与主色搭配的色彩也很重要！

修改前

EARTH DAY

修改后

EARTH DAY

例如，主色选用具有“环保和自然”印象的绿色，搭配红色则给人感觉好像圣诞节或国旗。思考配色时，要重视主题词语在人们普遍认知中的印象色。

符合宣传目的的

不同关键色的配色效果

1

核心色 /// MINT 薄荷

对环境友好・诚实的态度

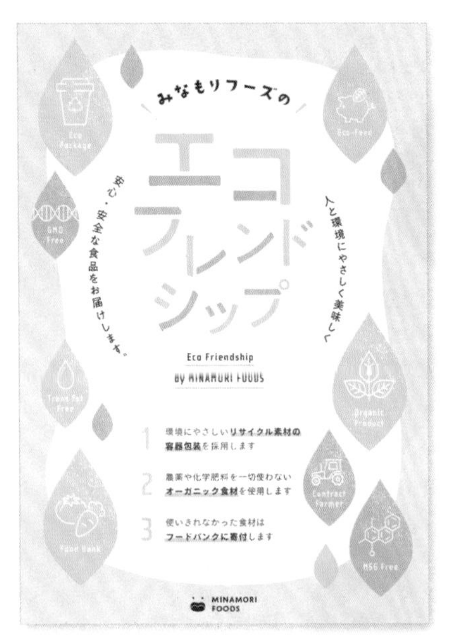

需要宣传对环境友好时，推荐使用淡淡的薄荷绿色。整体统一使用浅色调，可以打造出平静的空气感。

色彩平衡 ///

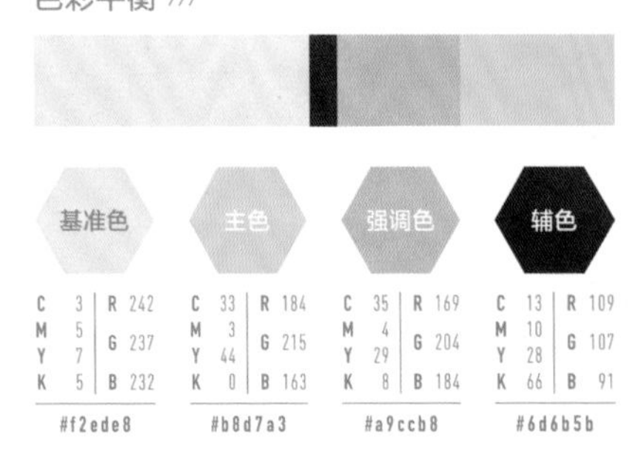

	基准色	主色	强调色	辅色
C	3	33	35	13
M	5	3	4	10
Y	7	44	29	28
K	5	0	8	66
R	242	184	169	109
G	237	215	204	107
B	232	163	184	91
	#f2ede8	#b8d7a3	#a9ccb8	#6d6b5b

配色示例 ///

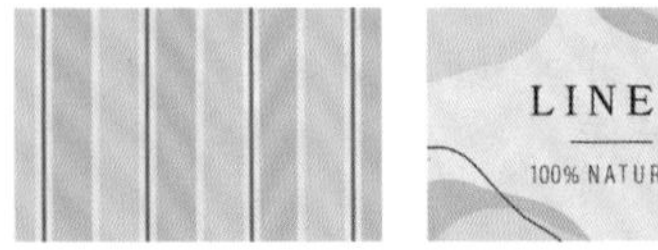

2

核心色 /// LIME 青柠

食材新鲜

需要打造出新鲜的印象时，选择以鲜嫩的高饱和度黄绿色为主色，可以起到突出宣传食材足够新鲜的作用。

色彩平衡 ///

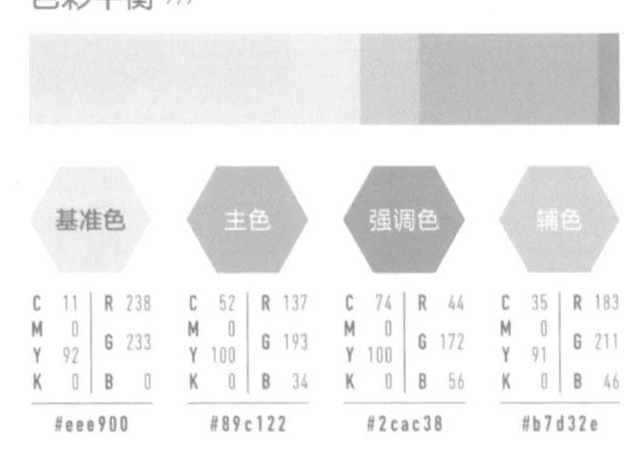

	基准色	主色	强调色	辅色
C	11	52	74	35
M	0	0	0	0
Y	92	100	100	91
K	0	0	0	0
R	238	137	44	183
G	233	193	172	211
B	0	34	56	46
	#eee900	#89c122	#2cac38	#b7d32e

配色示例 ///

“环保＝绿色”，但是绿色也分很多种。
按照需求使用不同的绿色，能设计出更具宣传效果的广告。

3

核心色 /// EMERALD 祖母绿
对产品的信赖

想要明确体现出对公司及产品的信赖时，偏蓝的绿色是最佳选择。与蓝色搭配在一起，可以打造出一个诚实守信的企业形象。

色彩平衡 ///

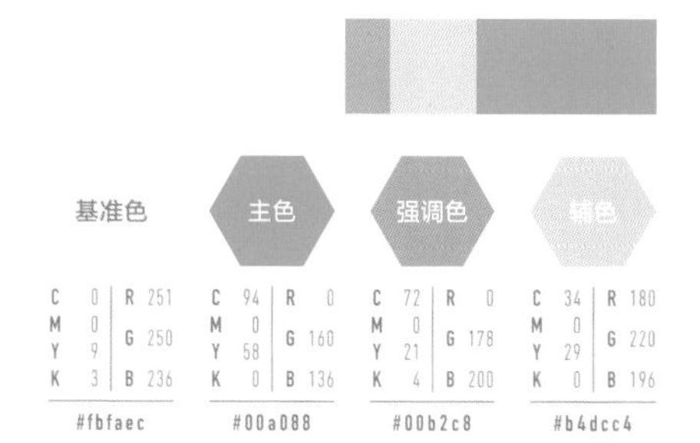

	基准色	主色	强调色	辅色
C	0	94	72	34
M	0	0	0	0
Y	9	58	21	29
K	3	0	4	0
R	251	0	0	180
G	250	160	178	220
B	236	136	200	196
	#fbfaec	#00a088	#00b2c8	#b4dcc4

配色示例 ///

4

核心色 /// OLIVE 橄榄绿
销售有机食品

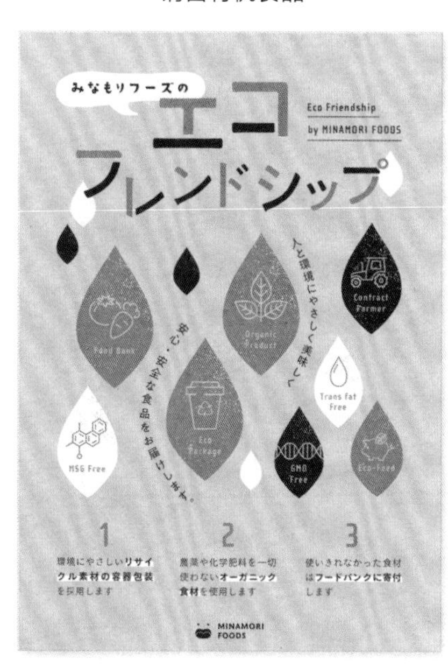

背景使用牛皮纸，再搭配橄榄绿色，可以打造出一眼就能看出是有机食品的印象。诀窍在于降低整体的饱和度。

色彩平衡 ///

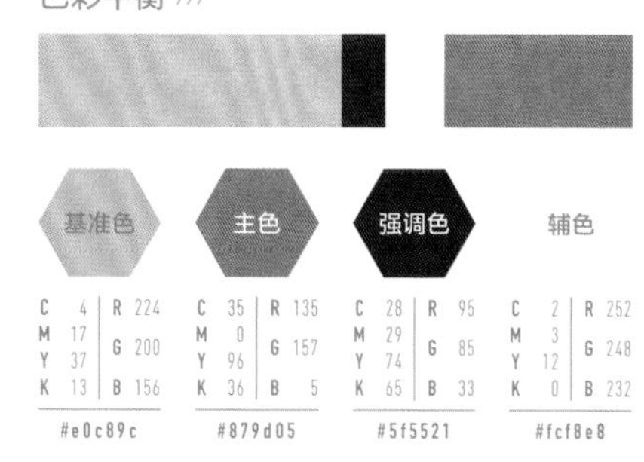

	基准色	主色	强调色	辅色
C	4	35	28	2
M	17	0	29	3
Y	37	96	74	12
K	13	36	65	0
R	224	135	95	252
G	200	157	85	248
B	156	5	33	232
	#e0c89c	#879d05	#5f5521	#fcf8e8

配色示例 ///

美妆杂志的封面

我加入了一些图案以吸引人们的注意力，
结果出来的效果一点都不时尚……

客户需求备忘录

- 目标人群为20至30岁的女性，以自然妆容为主的美妆杂志。
- 想要能吸引人注意力的新鲜手法及随性时尚的视觉效果。

新 OK

图案的搭配很新颖！

可以试试统一色相，打造出清透的感觉。

NG

旧

对比强烈且具有压迫感

问题1

互为补色的粉色与绿色对比十分强烈，给人一种文字与图案比照片还要重要的印象。

问题3

眼望去看不出来是特辑的标题。这个版式让标题看起来像是和下面的日文副标题连在一起阅读一样。

问题2

黑与红的搭配虽然是十分常用的配色，但是缺乏新鲜感。这也是设计看起来很土气的原因之一。

问题4

为了比背景的粉色和黄绿色更加显眼而使用了白底红色，但是这样会给人一种突兀且强硬的感觉。

看起来土气原来不只是因为版式，色彩方面居然也有问题啊。

痛点1 埋没了照片

对比强烈的配色妨碍人们观赏照片。

痛点2 缺乏新鲜感

常用配色给人一种很久以前的印象。

痛点3 装饰与信息不一致

错误的版式令人无法流畅地阅读文字信息。

痛点4 配色混乱

强行通过配色吸引人的注意力。

OK

新

利用微差色彩营造氛围

优化1

以低饱和度的绿色为基准色，图案与字体的色彩也统一色相，便可以得到具有成熟女性风格的微差色彩。

优化2

利用别致的圆形不着痕迹地诱导视线，同时也保证了极佳的时尚感。

优化3

圆点图案经过模糊处理后具有一种成熟的氛围。明度较高的色彩不会影响到照片。

优化4

条状底色的色相也配合标题文字设计成半透明的效果，有助于打造出清透的感觉。

使用相同色相不同深浅的色彩配色，可以打造出一个非常精致的设计效果。

修改前

MAKEUP

↓

修改后

MAKEUP

统一使用相同色相不同深浅的色彩配色，看起来会非常协调，也更容易打造出完整的设计效果。尤其是需要打造成熟氛围的时候，使用烟色的微差色彩（朦胧的浅色），便可以成功打造出充满成熟气息的氛围。

符合偏爱的妆容的

\ 不同关键色的配色效果 /

1

核心色 /// BEIGE 米色

自然妆容

米色是最符合想要拥有自然妆容的女性的印象色。整体统一使用裸色可以令人产生亲切感。

色彩平衡 ///

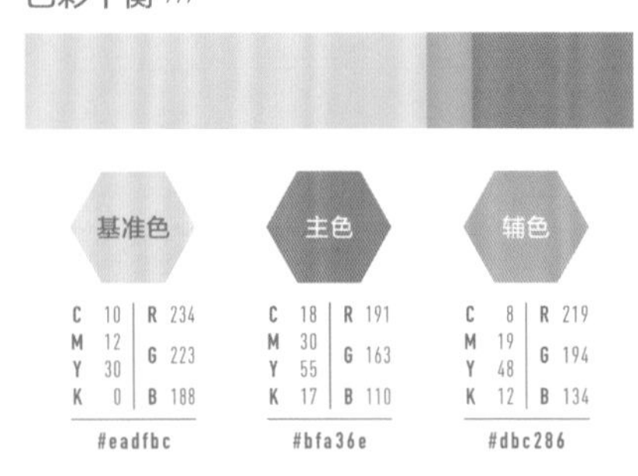

配色示例 ///

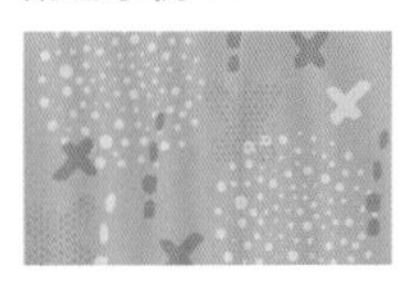

2

核心色 /// SMOKY BLUE 烟蓝

冷艳妆容

想要拥有冷艳风格的精致妆容的成熟女性，可以选择使用沉稳色调中的烟蓝色以打造出精英女性的形象。

色彩平衡 ///

配色示例 ///

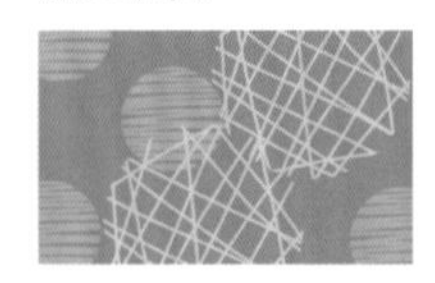

色彩本身给人的印象影响力非常大，
使用符合目标人群喜好的配色可以强化宣传效果。

3

核心色 /// **BABY PINK 嫩粉**

甜美妆容

对于喜爱柔和的可爱系妆容的女性，推荐使用嫩粉色。只要将嫩粉色稍微调整得偏灰调一些，看起来便不会太过幼稚。

色彩平衡 ///

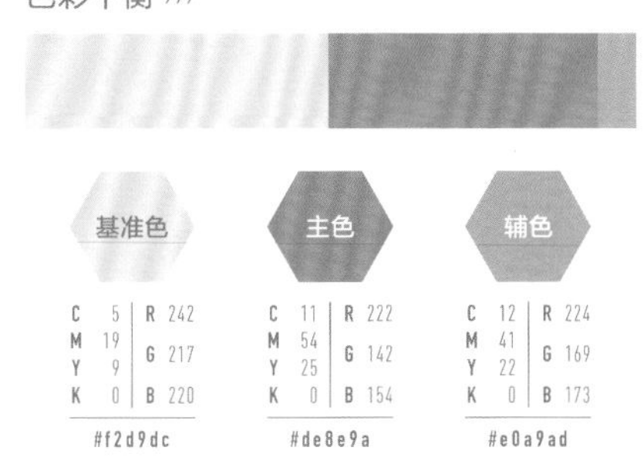

	基准色	主色	辅色
C	5	11	12
M	19	54	41
Y	9	25	22
K	0	0	0
R	242	222	224
G	217	142	169
B	220	154	173
	#f2d9dc	#de8e9a	#e0a9ad

配色示例 ///

4

核心色 /// **ASH GRAY 淡灰**

冷感妆容

想要挑战个性十足的冷感妆容的女性，可以使用带一点蓝色的淡灰色。对比度较低的配色看起来不会过于奇特，能营造出一种令人敢于尝试的氛围。

色彩平衡 ///

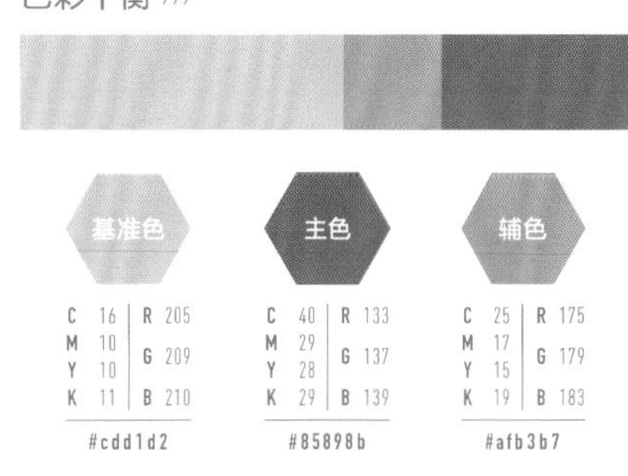

	基准色	主色	辅色
C	16	40	25
M	10	29	17
Y	10	28	15
K	11	29	19
R	205	133	175
G	209	137	179
B	210	139	183
	#cdd1d2	#85898b	#afb3b7

配色示例 ///

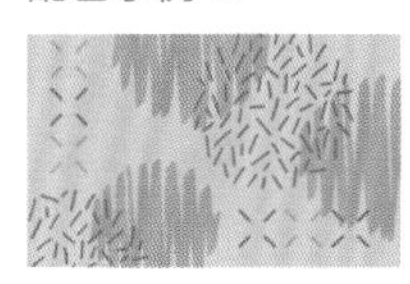

根据意图调整饱和度！

旧 NG

新規 会員登録で 2000 PT 3日間限定 PRESENT
2023.4.22(土)·23(日)·24(月) 全国店舗共通ポイントプレゼントキャンペーン

新 OK

新規 会員登録で 2000 PT 3日間限定 PRESENT
2023.4.22(土)·23(日)·24(月) 全国店舗共通ポイントプレゼントキャンペーン

迅速跃入眼帘的广告
=提高饱和度

促销广告、特价活动的横幅广告等需要一眼就给人留下深刻印象，应选择饱和度较高的色彩。鲜艳色彩具有吸引人注意力的作用。

高雅的广告
=降低饱和度

需要表现高雅与高级感等品格时，最好选择低饱和度的沉稳色调。需要给人“老字号”或是安全放心的印象时，也可以使用低饱和度的色调。要注意根据目标人群的需求调整色彩的饱和度。

要点

“饱和度”指的是色彩的强烈程度与鲜艳程度。**鲜明的色彩饱和度高，暗淡的色彩饱和度低。**

第一个NG示例全部由低饱和度的色彩构成，因此在看到的瞬间可能会因为难以察觉到其重要程度而被忽视掉。而OK示例则以鲜艳的红色为底色，搭配黄色的强调色，是一个非常引人注意的配色。

第二个示例，主色均由“绿色”构成，区别仅在于饱和度。NG示例使用了高饱和度的鲜艳绿色，因此给人一种朝气蓬勃的新鲜感。而OK示例则使用了整体降低饱和度的深邃绿色，加强了老字号糕点店铺的印象。这个色调比较沉稳，为设计增添了几分高雅的气质，打造出了一个成熟的氛围。

在搭配色彩的同时调整色彩的饱和度，有助于增强想要体现的设计效果及信息特点。

第 3 章

男性化的设计

房屋开放日的宣传单

SUNLIGHT×SIMPLE
スタイリッシュで洗練された室内には、気持ちのいい自然光が降り注ぎ、開放感に満ち溢れる。太陽の光で目が覚め､月の光の中で眠る。自然と共存しながら生きる毎日を自分の手で作りませんか？期間限定のモデルハウスを是非ご覧ください。
OPEN HOUSE
内覧会のお知らせ
2023/3/18sat·19sun
10:00-17:00
株式会社センケイハウジング
SENKEI HOUSING
〒223-987X
大阪府大阪市縞島区緑町1-9-0
TERIE.R BILD 3F
TEL 02-2230-98XX 担当:野崎
HERE!
STATION
大阪市縞島区凪町21-1
www.semkeihousing.jp
旧
NG

这次的设计以蓝色为主色，
采用了符合男性风格的配色！

客户需求备忘录

- 房屋的卖点是简约时尚的空间。
- 希望无论男性还是女性都能来看房，最好是可以引起男性兴趣的设计。

整个设计毫无时尚的痕迹……
应选择能充分体现房屋优点的配色。

NG

旧

照片与色彩不协调

问题1

强调色是纯色，看起来过于显眼，破坏了整体感。

问题2

蓝色与绿色的饱和度及明度相同，导致色彩的分界线不明朗。这里没必要改变色彩。

问题3

黑×黄是个非常引人注意的配色，更容易成为画面的焦点。考虑到文字信息的优先顺序，这个配色不适合用在这里。

问题4

配色全都过于沉闷，没有体现出房屋敞亮、时尚的优点。

我天真地以为想要打造男性喜爱的风格与时尚，只要使用冷色系中的深色就可以了。

痛点1 纯色过分显眼

强调色破坏了整体的平衡感。

痛点2 无意义地改变色彩

色彩过于相似，改变色彩没有起到任何作用。

痛点3 信息与配色悬殊

文字信息与配色给人的感觉很不协调。

痛点4 配色与照片不符

配色与照片的氛围不符。

以烟熏色打造时尚感

优化1

强调色也降低了饱和度，整体的色彩与色调相搭配，可以使版面更具整体感。

优化2

选择同色系不同明度的色彩，可以使版面看起来张弛有度。还要注意将主要信息与详细信息区分开来，这样会使信息阅读起来更加流畅。

优化3

配色统一使用烟熏色更符合男性的喜好，可以打造出一个高雅又精致的设计氛围。

优化4

最下面的部分使用深色看起来更加稳定，版面也显得更加紧凑，起到了恰到好处的修饰作用。

包括强调色在内统一使用烟熏色，是时尚配色的诀窍！

修改前

MEN'S

↓

修改后

MEN'S

房屋信息的宣传单大多使用对比强烈的配色。如果只是希望人们阅读文字信息，这种配色足矣。但是希望能够体现出房屋的优点时，统一设计意图便显得尤为重要了。选择强调色的时候，也要注意选择有助于完善设计意图的色彩。

使用了烟熏色的

不同关键色的配色效果

1

核心色 /// GOLD 金色

消费者的活力・促进购买欲

金色是个令人热情高涨的色彩，能够激发人们对理想的欲望，提高对房屋的渴望并促进人们的购买欲。

色彩平衡 ///

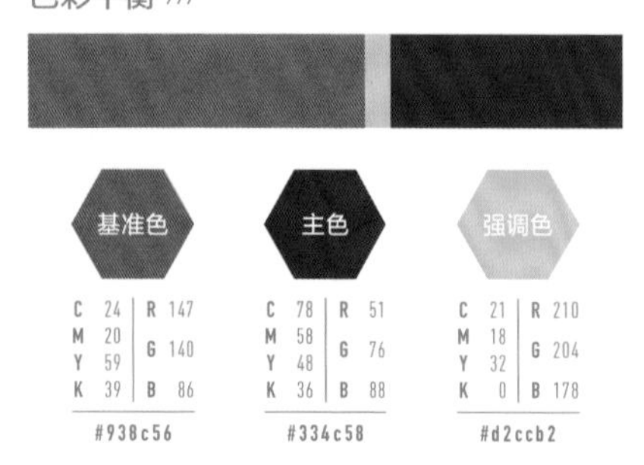

配色示例 ///

2

核心色 /// SMOKY BLUE 烟蓝

对企业的信赖

对于购房这种大额购物，提高对销售企业的信赖程度十分重要。以蓝色为主统一色调，可以增加诚信感。

色彩平衡 ///

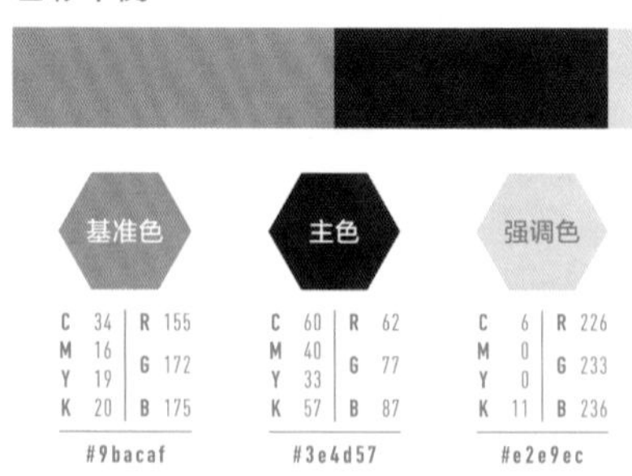

配色示例 ///

烟熏色虽然会给人朴素的印象，
但只要灵活地加以运用便可以创造出帅气的设计感。

3

核心色 /// SMOKY GREEN 烟绿

对房屋放心・平静的氛围

使用具有静心效果的绿色，有助于令人对房屋本身感到放心。绿色还可带来令人更加渴望将来可以生活在这样一个治愈空间里的效果。

色彩平衡 ///

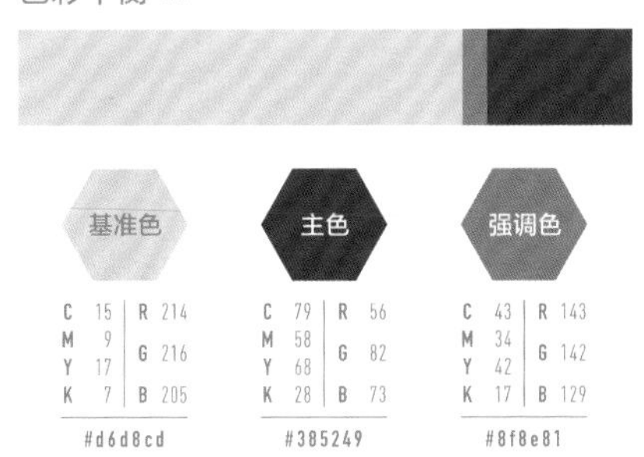

	基准色	主色	强调色
C / R	15 / 214	79 / 56	43 / 143
M / G	9 / 216	58 / 82	34 / 142
Y / B	17 / 205	68 / 73	42 / 129
K	7	28	17
	#d6d8cd	#385249	#8f8e81

配色示例 ///

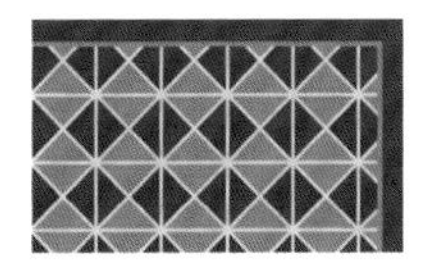

4

核心色 /// SAND 沙色

稳定的品质

大地色里的暗淡棕色（沙色），能有效表现值得信赖的品质。紫红色的饱和度降低之后，非常适合用来打造男性风格。

色彩平衡 ///

	基准色	主色	强调色
C / R	45 / 123	84 / 65	58 / 115
M / G	41 / 114	88 / 55	75 / 72
Y / B	54 / 93	86 / 56	48 / 92
K	31	15	18
	#7b725d	#413738	#73485c

配色示例 ///

我根据街头风格给人的印象，使用了高饱和度的色彩，结果色彩似乎过于强烈了。

客户需求备忘录

- 因为是老牌运动品牌，希望在街头感之中再加入一些迫人的气势。
- 要宣传的是轻型款式，希望可以体现出速度感。

只要加入哪怕一种收缩色，
便能创作出一个张弛有度又气势十足的设计。

NG

旧

配色毫无理念、过于繁杂

问题1

色彩的数量太多，从中感受不到配色的理念，看起来不仅毫无层次感，还很繁杂。

问题2

配色很轻盈，但是感受不到作为老品牌的气势及广告文案的说服力。

问题3

高饱和度的字体颜色与产品照片重叠在一起，导致看不清至关重要的产品。

问题4

黑白色的照片与五彩缤纷的配色很不协调，看起来有种情绪上的落差。

看来不能光顾着使用适合做主角的色彩，负责衬托主角的收缩色也很重要啊。

痛点1 色彩的数量过多

感受不到配色的理念。

痛点2 色彩的选择不当

色彩与广告文案及品牌形象不符。

痛点3 看不清产品

字体颜色妨碍人们观看照片。

痛点4 色彩与照片不协调

色彩与充满紧张感的黑白照片搭配在一起很不协调。

OK

新

收缩色使画面张弛有度

优化1

可以流畅地一口气看完所有广告文案，背景色与字体颜色搭配在一起形成了富有整体感的版面。

优化2

以明度较低的收缩色为基准色，进一步突显了强调色，即使文字的字号较小也非常醒目。

优化3

文字信息配合照片中的动作倾斜，可以打造出趣味十足的设计感。

优化4

将黑白与青绿的单色照片处理成错位重叠的效果，能营造出一种下一秒就要动起来的跃动感。

想要制作出气势十足的版面，
诀窍在于减少色彩数量，
并在明度与饱和度上拉开差距！

配色要点！

修改前

↓

修改后

SPORTS

主色使用高饱和度的色彩时，可以加入一个暗色调的色彩作为收缩色，利用强烈的对比打造出气势十足的设计版面。加入暗色调的收缩色，还能达到进一步突显高饱和度主色的效果。

符合宣传理念的

不同色彩的配色效果

1

主色
RED 红
///
精力充沛

需要全面展现活跃与精力充沛的印象时，选择红色作为主色，可以创作出充满积极向上能量的强劲版面。

色彩平衡 ///

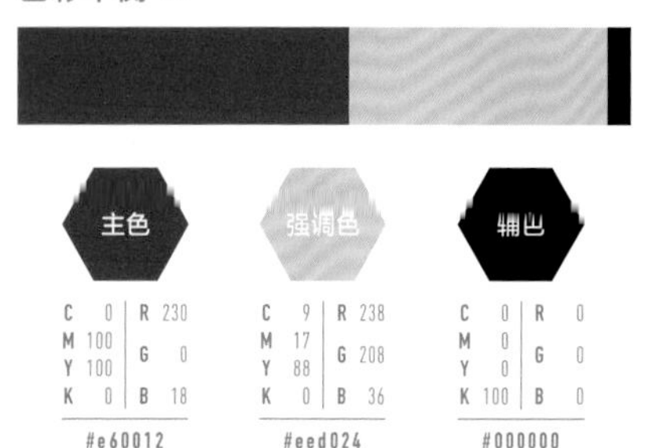

配色示例 ///

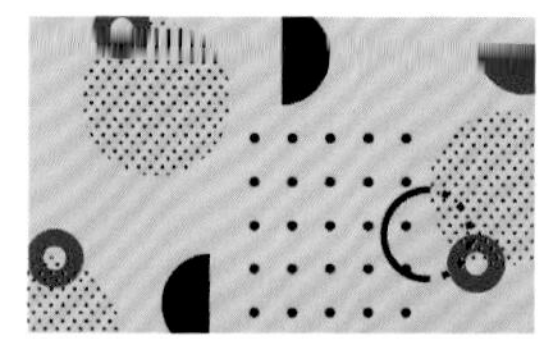

2

主色
BLUE 蓝
///
爆发力

以蓝色为主色，搭配无彩色，可以创作出能充分展示产品功能性（此处为轻型款式的敏捷性）的版面。尤其推荐面向男性的广告使用这个配色。

色彩平衡 ///

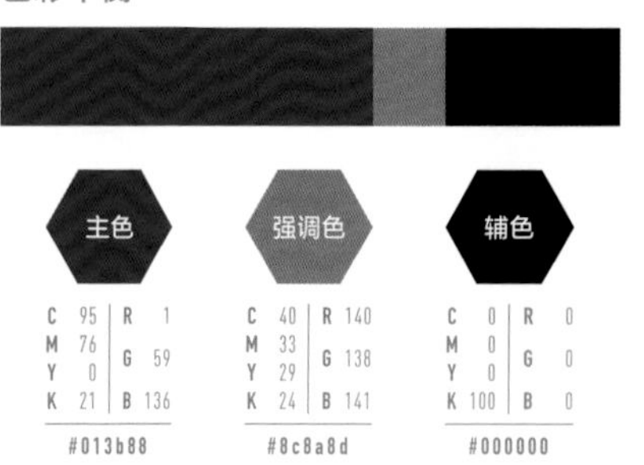

配色示例 ///

来看看以张弛有度的表现方式为前提，
利用了色彩本身给人的心理效果的配色吧。

3

主色
PINK 粉

///

幸福感

具有积极意义的粉色能够令人感到幸福，可以达到让人认为使用产品能够改变现状令自己变得更好的心理效果。

色彩平衡 ///

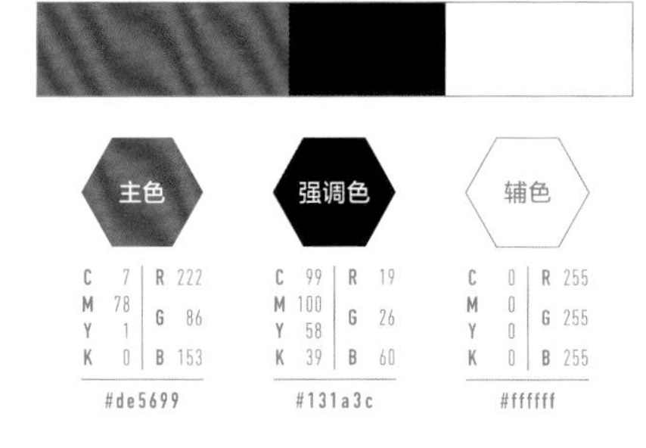

主色	强调色	辅色
C 7 M 78 Y 1 K 0 / R 222 G 86 B 153	C 99 M 100 Y 58 K 39 / R 19 G 26 B 60	C 0 M 0 Y 0 K 0 / R 255 G 255 B 255
#de5699	#131a3c	#ffffff

配色示例 ///

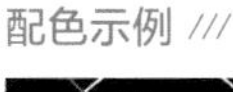

4

主色
PURPLE 紫

///

好奇心

紫色能够激发想象力，勾起人们的好奇心，具有促使人们对产品产生兴趣的效果。紫色与其补色黄色搭配在一起，可以创作出富有视觉冲击力的设计版面。

色彩平衡 ///

主色	强调色	辅色
C 80 M 85 Y 0 K 0 / R 79 G 58 B 147	C 7 M 23 Y 89 K 0 / R 240 G 200 B 30	C 93 M 97 Y 48 K 22 / R 41 G 37 B 81
#4f3a93	#f0c81e	#292551

配色示例 ///

蛋白粉的产品包装

根据“增加肌肉力量就要搭配活泼的形象”这样的思路，我采用了暖色系来表现精力旺盛的感觉！

客户需求备忘录

- 以真心想要锻炼身体的人为目标人群的营养品。
- 希望包装看起来既高级又具有些许紧迫感，让人看了就觉得很有效，能达到想要的效果。

新 OK

想法不错，但是整体氛围太轻浮了。
充分利用强调色来体现高级感吧。

NG

旧

高饱和度的同色系色彩看起来太轻浮

问题1

背景色与字体颜色均为同色系，导致产品名不够突出。

问题2

不需要特别强调的信息反而很显眼。

问题3

高饱和度的配色看起来会很轻浮，与希望体现高级感的目标不一致。

问题4

这三项信息的格式一样，色彩还各有不同，看不出哪个才是主要信息。

原来配色时不仅要考虑产品本身给人的印象，还必须考虑是否符合产品理念啊。

痛点1 同色系色彩给人的印象淡薄

背景与文字使用了同色系色彩，产品名称不够醒目。

痛点2 信息的优先顺序不当

不需要强调的信息反而很显眼。

痛点3 色彩与理念不一致

高饱和度的色彩数量过多，给人一种轻浮的印象。

痛点4 表现手法单调

装饰与配色导致文字信息不分轻重。

OK

新

强调色提高了说服力

优化1

以能够表现强健与魄力的黑色为基准色，展现出了紧迫感与坚强的意志。

辅色使用银色，增强了时尚且高级的印象，以及“取得成效”的宣传力度。

强调色仅使用红色这一个颜色，可以打造出张弛有度又极具说服力的产品形象。

优化4

根据信息的优先顺序在字号与装饰上设计出差别，表明这是一款优秀的产品。

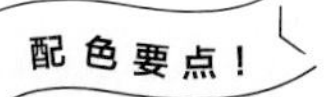

想要表现高级感与说服力，
可以选择单色×强调色的简单搭配。

修改前

↓

修改后

需要体现出认真的态度时，试试背景色使用黑色，这样能够表现强大且坚定的意志力。用红色作为强调色可以表现隐秘的热情。色彩本身给人的印象影响力非常大，配色时应当选择符合产品理念的配色以强化宣传效果。

符合产品购买目的的

不同关键色的配色效果

1

核心色 /// BLUE 蓝

以运动后恢复体力为目的

帮助运动后恢复体力的食品，使用具有镇定效果的蓝色作为关键色效果最佳。与银色搭配在一起也非常协调。

色彩平衡 ///

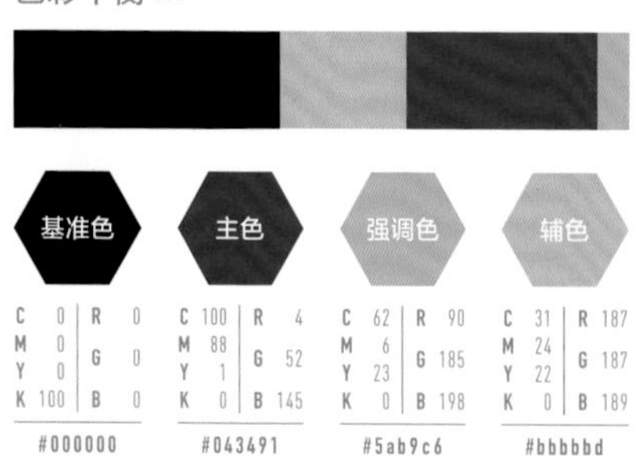

配色示例 ///

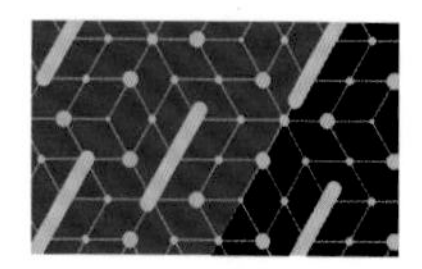

2

核心色 /// PURPLE 紫

以减重为目的

紫色能够调和身心，最符合需要自我控制的减重给人的印象，它还能够提高对拥有较高审美意识的人群的宣传效果。

色彩平衡 ///

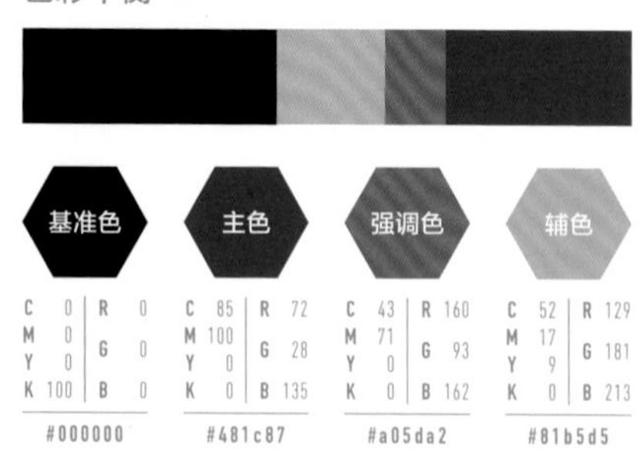

配色示例 ///

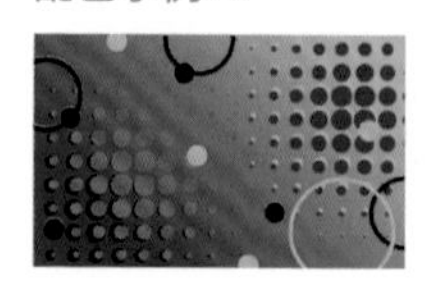

根据产品的目的选择关键色，
可以创作出宣传效果更佳的产品包装。

3

核心色 /// YELLOW 黄
以提高肌肉量为目的

黄色是膨胀色，同时还具有增加食欲的效果。黄色总给人一种欢快的印象，是最适合用来表现身体塑形的关键色。

色彩平衡 ///

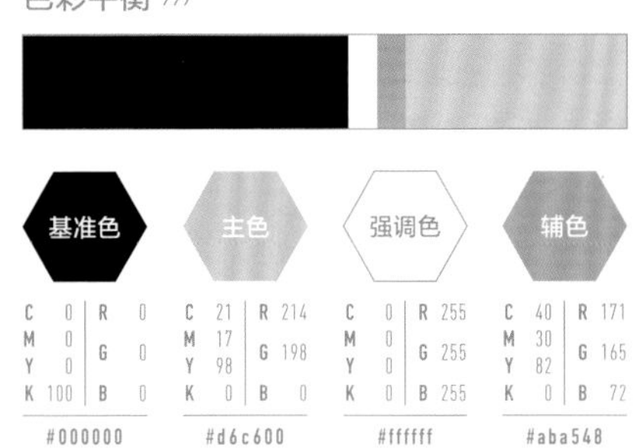

配色示例 ///

4

核心色 /// BROWN 棕
以保持健康为目的

目标人群以保持健康为目的时，推荐使用能令人联想到大地的棕色。棕色比黑色看起来更柔和，对于脚踏实地、向往大自然的人会有不错的宣传效果。

色彩平衡 ///

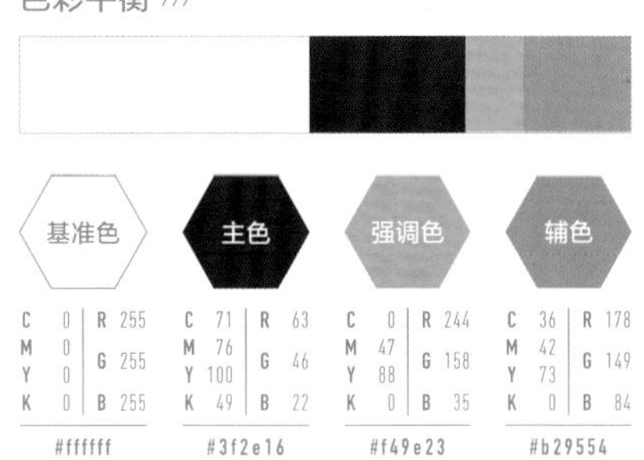

配色示例 ///

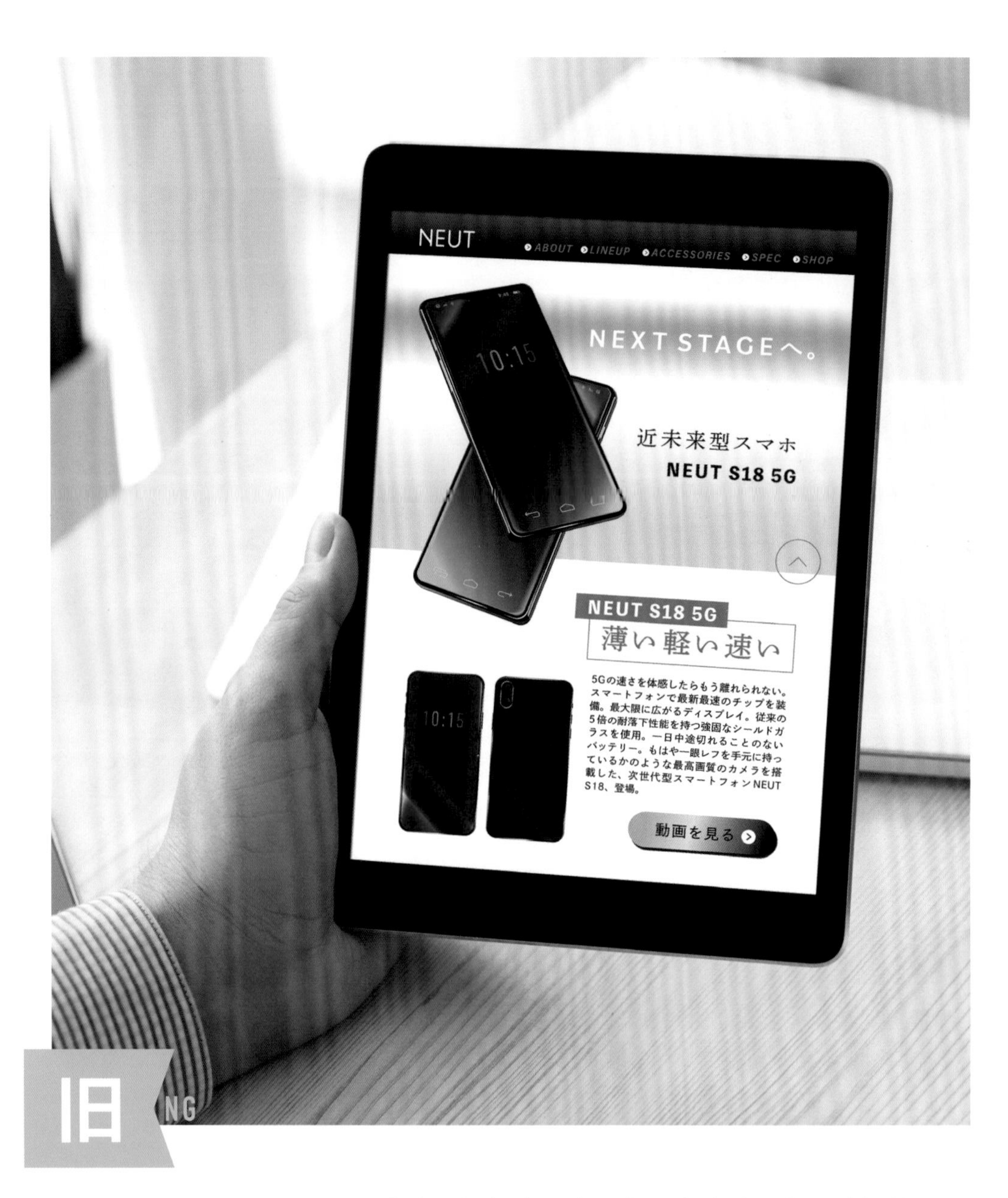

为了贴近智能给人的印象，我缩减了色彩的数量，
但是为什么看起来这么过时呢……

客户需求备忘录

- 需要智能风格的页面，可以体现出是使用了尖端技术的高科技产品。
- 最理想的效果是考究又富有都市气息。

新 OK

你这种表现手法很古老啊，
再仔细思考一下哪些色彩能令人联想到科技吧。

NG

旧

无机物质感的陈旧样式

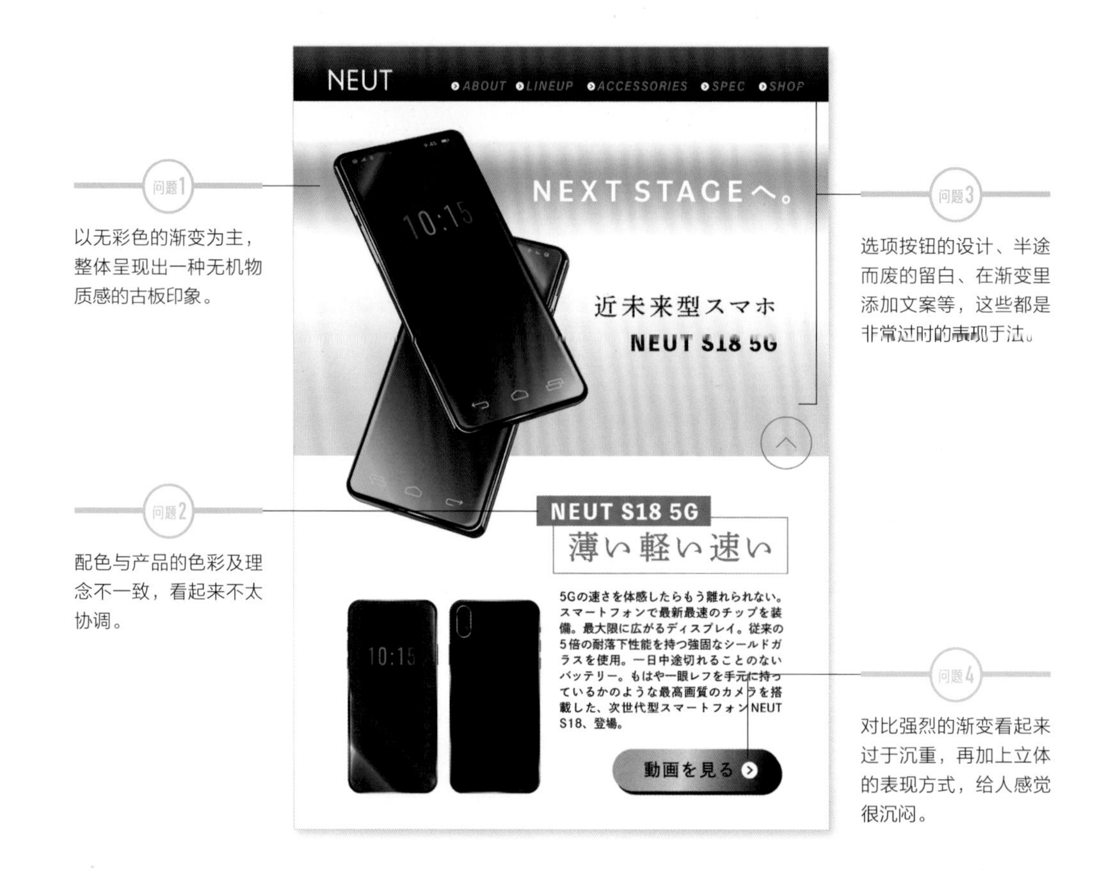

问题1

以无彩色的渐变为主，整体呈现出一种无机物质感的古板印象。

问题2

配色与产品的色彩及理念不一致，看起来不太协调。

问题3

选项按钮的设计、半途而废的留白、在渐变里添加文案等，这些都是非常过时的表现手法。

问题4

对比强烈的渐变看起来过于沉重，再加上立体的表现方式，给人感觉很沉闷。

我还以为用黑白色看起来会很帅气，
原来有彩色只要降低明度就很有都市风格啊！

痛点1 用无彩色表现无机物

无彩色的渐变看起来很古板。

痛点2 设计效果混乱

强调色与产品形象不符。

痛点3 表现手法过时

装饰和版式都过时了。

痛点4 立体的表现方式太沉重

立体的按钮看起来很沉闷。

以神秘的配色打造未来感

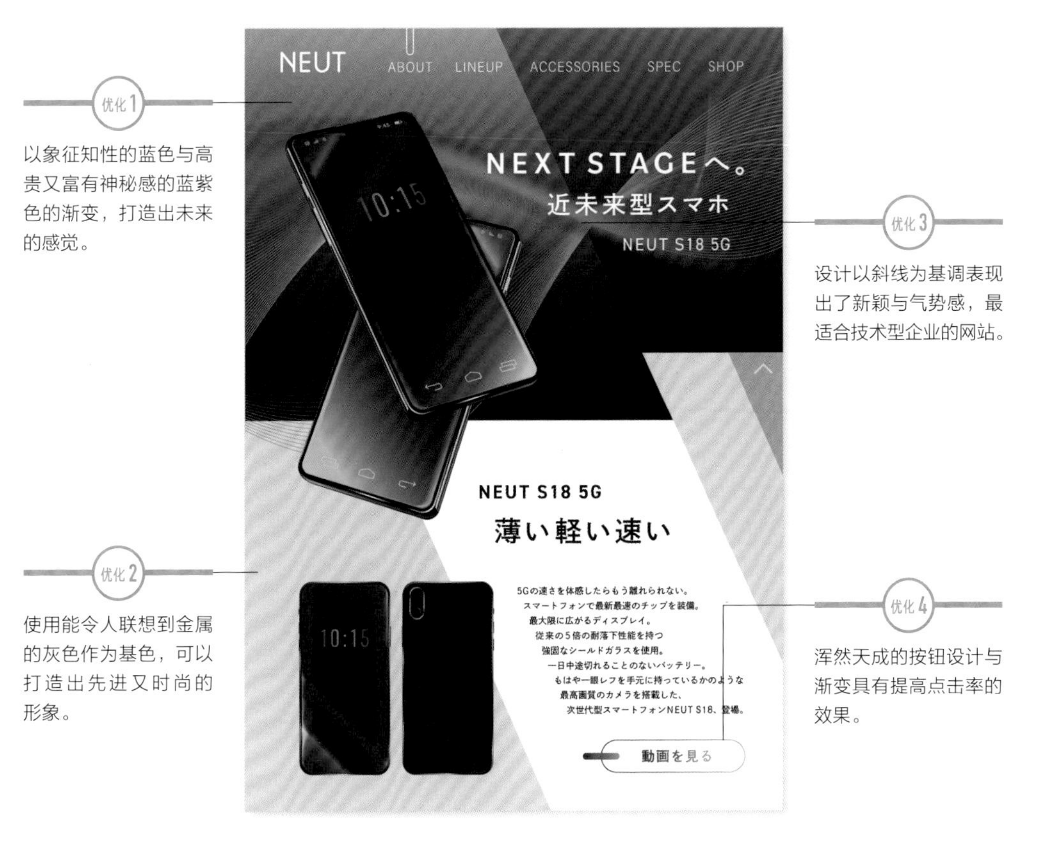

优化1

以象征知性的蓝色与高贵又富有神秘感的蓝紫色的渐变，打造出未来的感觉。

优化2

使用能令人联想到金属的灰色作为基色，可以打造出先进又时尚的形象。

优化3

设计以斜线为基调表现出了新颖与气势感，最适合技术型企业的网站。

优化4

浑然天成的按钮设计与渐变具有提高点击率的效果。

配色要点！

考虑到心理效果的配色对企业网站十分重要！简单地使用单色设计，看起来总觉得有所欠缺。

修改前

↓

修改后

能令人联想到金属的灰色是最适合电子产品的色彩，但只用灰色一个颜色会略显单调和古板。想要打造出令人难以捉摸的奇妙设计，可以试试将比较暗的冷色与灰色搭配在一起。

符合目标人群的

不同关键色的配色效果

1

核心色 /// SKY BLUE 天蓝
目标人群：中小学生的父母

蓝中带黄的明亮蓝色给人放心与安全的印象。黄色与橙色搭配在一起十分相称，可以用来表现清爽与朝气蓬勃的感觉。

色彩平衡 ///

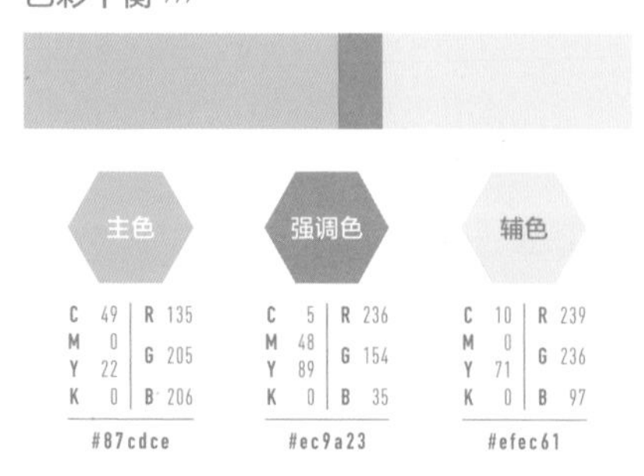

配色示例 ///

2

核心色 /// EMERALD GREEN 翠绿
目标人群：学生

清新水嫩的翠绿色，最适合那些面向学生的产品使用。使用灰色作为收缩色，可以使画面看起来不会过于强烈。

色彩平衡 ///

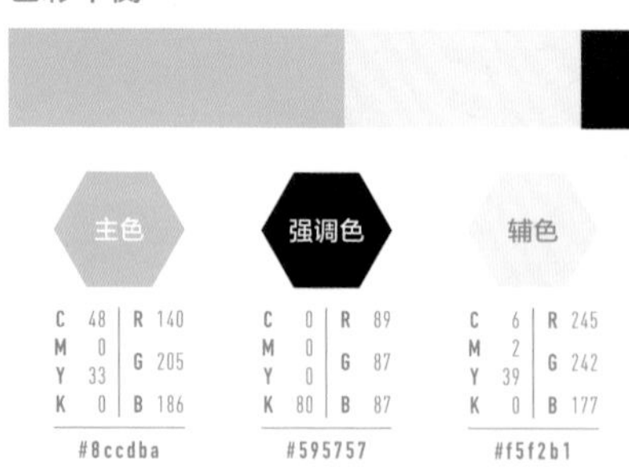

配色示例 ///

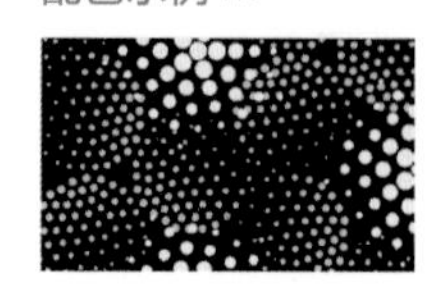

3

核心色 /// COBALT BLUE 钴蓝

目标人群：追逐潮流的人群

目标人群是对新款机型与流行比较敏感的人群时，最适合使用神秘的钴蓝色与紫红色搭配在一起的配色。这个配色可以勾起人们的好奇心，激发购买欲。

色彩平衡 ///

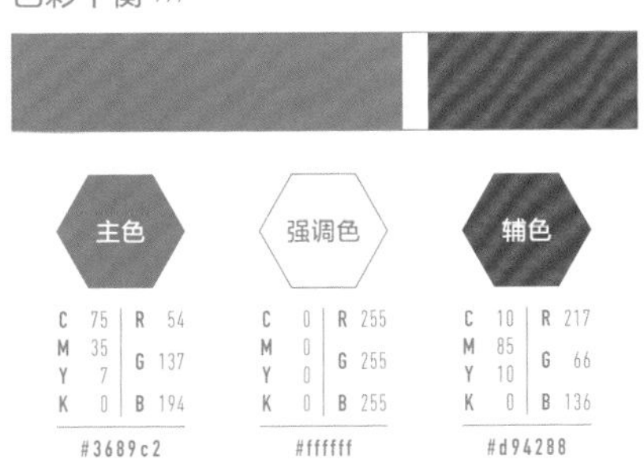

	主色	强调色	辅色
C	75	0	10
M	35	0	85
Y	7	0	10
K	0	0	0
R	54	255	217
G	137	255	66
B	194	255	136
	#3689c2	#ffffff	#d94288

配色示例 ///

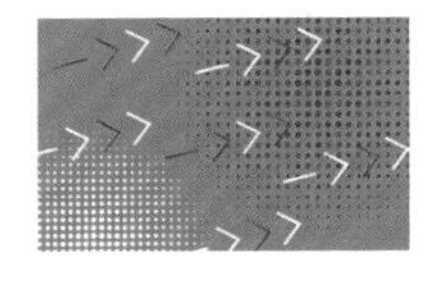

4

核心色 /// SMOKY BLUE 烟蓝

目标人群：追求品质与稳定的人群

目标人群是脚踏实地的成熟一代时，可以使用蓝中带灰的烟蓝色。与低饱和度的棕色搭配在一起，能够充分体现知性与品位。

色彩平衡 ///

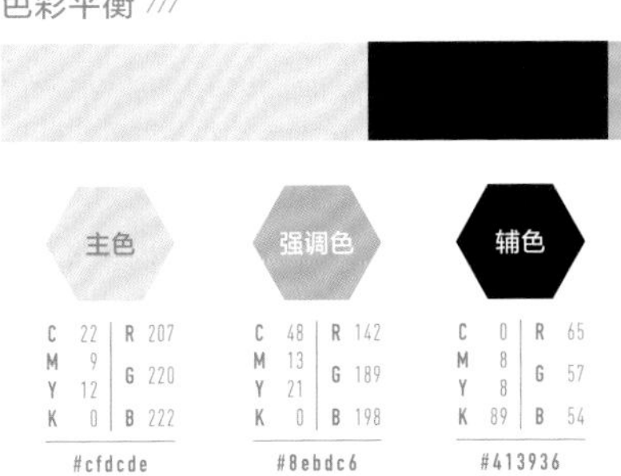

	主色	强调色	辅色
C	22	48	0
M	9	13	8
Y	12	21	8
K	0	0	89
R	207	142	65
G	220	189	57
B	222	198	54
	#cfdcde	#8ebdc6	#413936

配色示例 ///

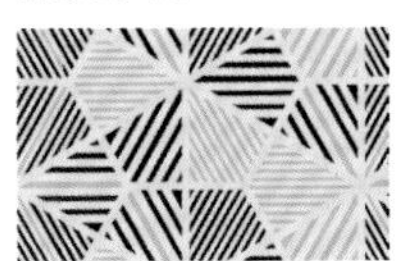

"利用照片中的色彩彰显照片的魅力"

体现照片的氛围
=使用照片中的色彩

主视觉图是照片时，如何体现照片的魅力是关键。提取照片中所使用的色彩作为背景色与字体颜色，有助于彰显照片的意境。

要点

以照片为主视觉图这一设计元素十分常见。如NG示例所示，使用与照片的氛围完全不符的色彩，整个版面不仅看起来毫无整体感，而且照片与文字信息也都无法吸引人的注意力。

OK示例中，整个版面的配色均由照片中已有的色彩构成，看起来非常协调，照片与文字信息成为一个整体。**需要配色最大限度地彰显照片的氛围时，可以试试从照片中已有的色彩着手进行配色。在决定配色时，抽身出来以客观的角度观察整体十分重要。**单看照片的感觉与加入文字信息并设计完之后的感觉差不多，或是觉得照片的氛围给人感觉更加印象深刻了，就说明设计没问题了。反之，如果看起来有些别扭，可能就有必要重新审视一下配色了。各位在烦恼如何配色时可以试一试这个方法。

充分利用照片的不同配色方式

突显照片
=除照片外均使用无彩色

最能突显全彩照片的方式就是其他元素均使用无彩色。色彩对比强烈，更能彰显照片的美感。

展示文字信息与主题色
=使用黑白照片

想要促使大家来观看实物，在广告中使用黑白照片以突出文字信息与主题色也是一个不错的方式。

第 4 章

女性化的设计

旧 NG

我本想打造出闪亮夺目的效果，
结果色彩好像太浓重了……

客户需求备忘录

- 以20至30岁的女性为目标人群的护肤产品。
- 想要看起来晶莹剔透且受女性喜爱的视觉效果。

新 OK

这个设计与产品理念不一致啊……
可以试试降低对比度，改用柔和色调。

NG

旧

装饰与产品理念不一致

问题1

文字周围的光彩效果以及光亮素材过于显眼，导致产品本身不够突出。

问题2

对比强烈的渐变给人一种深深浸透的印象，与想要的清澈感相去甚远。

问题3

使用太多渐变与光彩效果，会导致目光无法停留在任何一个地方，整个版面看起来毫无张弛感。

问题4

使用的字体都很有气势且十分沉重，从中无法感受到春天的气息。

我还以为粉色渐变会很符合女性的气质，看来还必须考虑产品内容才行啊。

痛点1 光彩效果过多

装饰反而比产品本身更醒目。

痛点2 对比过于强烈

营造出了与产品效果不一致的氛围。

痛点3 使用太多渐变

过度使用渐变是导致版面繁杂且毫无张弛感的主要原因。

痛点4 字体沉重

沉重的字体与季节不符。

新

清透甜美的设计效果

优化1

使用对比度较弱的淡色调制作出来的渐变看起来十分清透，完美贴合少女风格的设计意图。

优化2

整体使用了线条纤细的黑体字，不仅看起来轻盈，还能起到突显产品的作用。

优化3

不使用光彩和光斑，只用简单的单色素材也能打造出令人感受到光芒的修饰效果。

优化4

只要色调一致，在暖色中融入冷色看起来也会非常协调，还能制作出非常美丽的渐变。

配色要点！

想要打造出清澈透亮的效果，推荐使用由粉彩色制成的渐变。

修改前

COSMETICS

↓

修改后

COSMETICS

不了解的人可能会觉得制作渐变需要一定的技术，但是使用粉彩色的话就能轻松制作出具有整体感的渐变色了。①色彩不要太浓重；②不要使用低饱和度的浊色，这两点便是制作出淡雅又美丽的渐变的诀窍。

符合情境的

渐变示例

1

核心色 /// CHERRY PINK 樱桃粉

柔和的晨光

宛若光芒透过三棱镜洒落下来般柔和的渐变。甜美的粉色、黄色、水色搭配在一起，是少女风格的设计最常使用的配色。

色彩平衡 ///

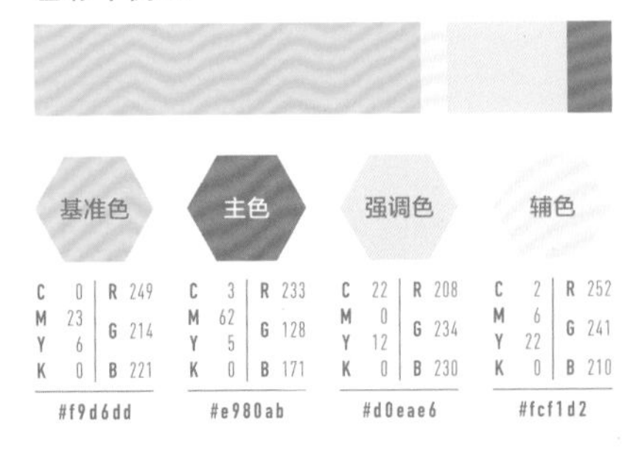

	基准色	主色	强调色	辅色
C	0	3	22	2
M	23	62	0	6
Y	6	5	12	22
K	0	0	0	0
R	249	233	208	252
G	214	128	234	241
B	221	171	230	210
	#f9d6dd	#e980ab	#d0eae6	#fcf1d2

配色示例 ///

2

核心色 /// CORAL ORANGE 珊瑚橙

耀眼的阳光

由与橙色同色系的色彩构成的渐变给人一种活力四射的感觉。这个渐变能令人感受到太阳的光芒。

色彩平衡 ///

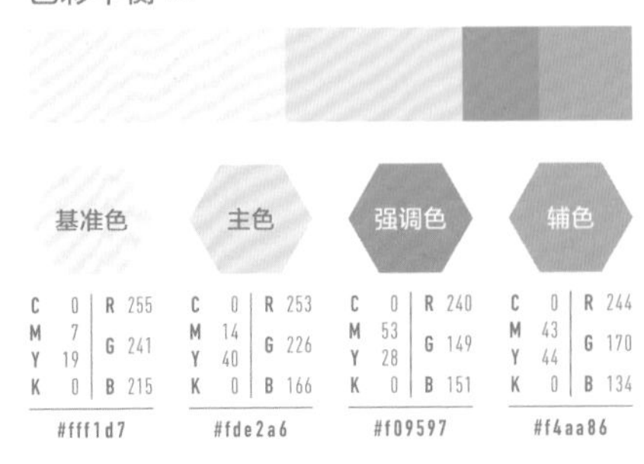

	基准色	主色	强调色	辅色
C	0	0	0	0
M	7	14	53	43
Y	19	40	28	44
K	0	0	0	0
R	255	253	240	244
G	241	226	149	170
B	215	166	151	134
	#fff1d7	#fde2a6	#f09597	#f4aa86

配色示例 ///

用女孩子喜欢的粉彩色渐变，
可以打造出浪漫的情景。

3

核心色 /// LAVENDER 薰衣草紫
梦幻的日落时分

淡紫色与粉色是绝佳的搭配。这个渐变能令人联想到如黄昏和夜晚般如梦如幻的朦胧景色。

色彩平衡 ///

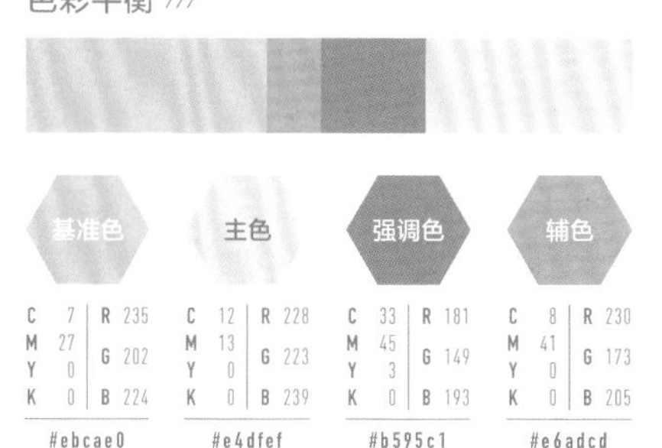

	基准色	主色	强调色	辅色
C	7	12	33	8
M	27	13	45	41
Y	0	0	3	0
K	0	0	0	0
R	235	228	181	230
G	202	223	149	173
B	224	239	193	205
	#ebcae0	#e4dfef	#b595c1	#e6adcd

配色示例 ///

4

核心色 /// PALE BLUE 淡蓝
春风拂面的夜晚

配色以清澈的水色为基色，削弱了甜美感，给人一种沉静的感觉。再加入少许粉色，便打造出了一个备感温馨的少女风格的设计效果。

色彩平衡 ///

	基准色	主色	强调色	辅色
C	13	23	0	32
M	5	6	17	22
Y	0	0	2	0
K	0	5	0	19
R	227	198	251	160
G	236	219	226	167
B	248	238	235	197
	#e3ecf8	#c6dbee	#fbe2eb	#a0a7c5

配色示例 ///

婚庆企业的婚庆方案宣传单

为了突显华丽感，
我整体采用了明亮的色调！

客户需求备忘录

- 宣传的是婚庆企业，所以想要华丽又符合女性气质的风格。
- 需要宣传的是低价婚礼企划，目标人群是年轻的情侣。

过于分明的配色看起来有些死板啊……
不如试试调高明度，改为比较柔和的风格吧！

NG

旧

鲜明的配色给人死板的感觉

我光顾着用高饱和度的色彩打造华丽感了，原来色彩是否适合宣传的内容也很重要啊。

痛点1 与企业形象不符

鲜明的色彩不适用于这次的宣传内容。

痛点2 前进色用错了地方

配色导致看不清楚详细信息。

痛点3 版面有压迫感

色彩强烈、留白过少导致看起来很拘束。

痛点4 装饰太死板

配色加上直线的装饰，看起来太死板了。

新

用淡色调演绎浪漫氛围

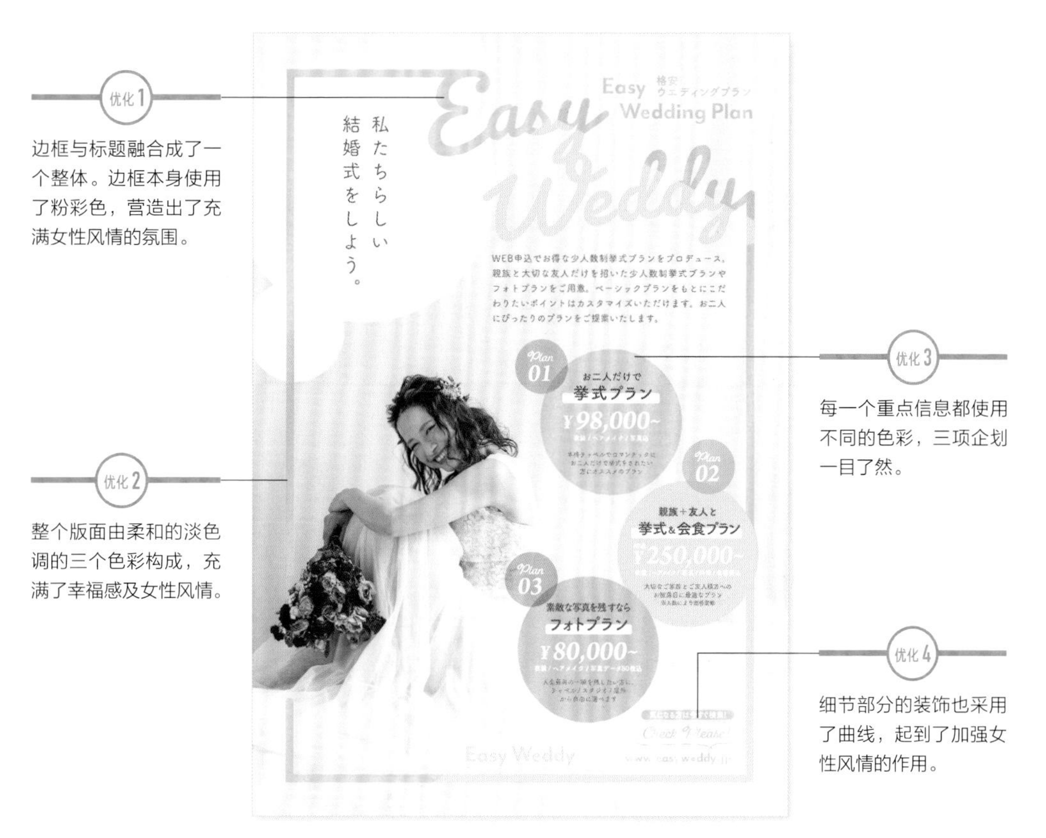

想要打造女性风格的浪漫氛围，推荐使用淡雅的配色。

修改前

feminine

↓

修改后

feminine

在某些情况下，注重宣传内容的设计远比让设计引人注目更加重要。例如像以年轻女性为目标人群的婚庆公司这样，需要充分突显幸福感的时候，就应当选择使用明度较高的色彩。

符合季节的

不同关键色的配色效果

1

核心色 /// SPRING GREEN 新绿
春

明度较高的嫩绿色搭配柔和的粉色，打造出了能令人联想到温暖的春日气息的版面。搭配统一色相的渐变效果更佳。

色彩平衡 ///

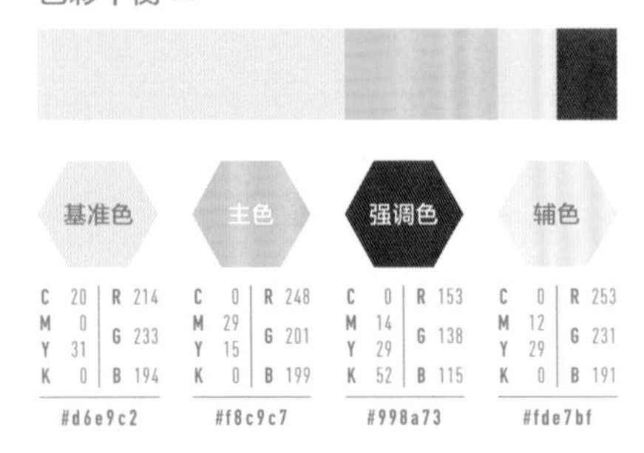

	基准色	主色	强调色	辅色
C	20	0	0	0
M	0	29	14	12
Y	31	15	29	29
K	0	0	52	0
R	214	248	153	253
G	233	201	138	231
B	194	199	115	191
	#d6e9c2	#f8c9c7	#998a73	#fde7bf

配色示例 ///

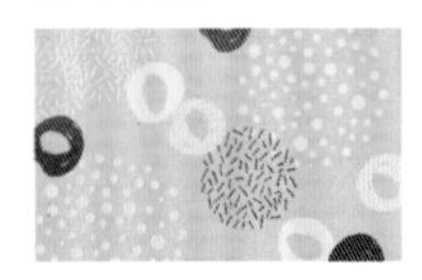

2

核心色 /// CREAM YELLOW 奶黄
夏

以代表幸福的奶黄色为基准色，搭配淡蓝色的强调色，打造出了宛若果子露般清爽的视觉效果。

色彩平衡 ///

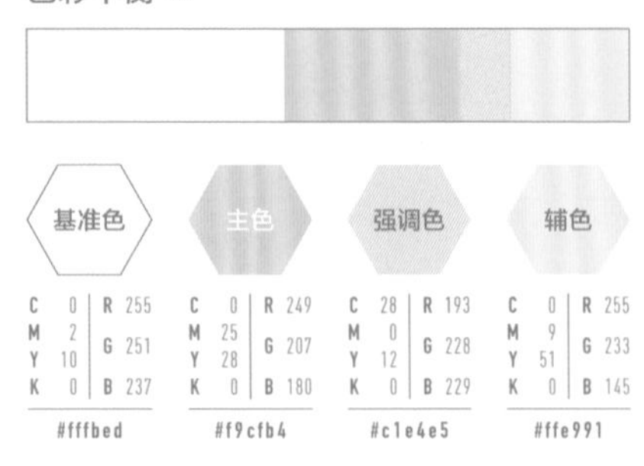

	基准色	主色	强调色	辅色
C	0	0	28	0
M	2	25	0	9
Y	10	28	12	51
K	0	0	0	0
R	255	249	193	255
G	251	207	228	233
B	237	180	229	145
	#fffbed	#f9cfb4	#c1e4e5	#ffe991

配色示例 ///

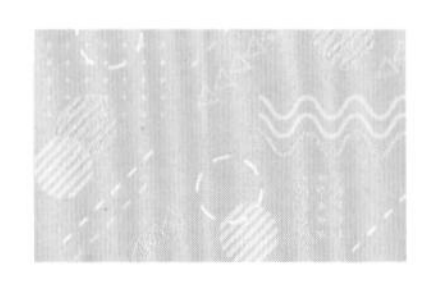

可以保持女性风格不变，
通过色彩的搭配打造出季节感。

3

核心色 /// BROWN 棕
秋

以棕中带红的暗淡棕色为主色，统一使用暖色系色彩，可以打造出沉静又和煦的秋日气息氛围，再搭配淡色调的色彩，便可以保持女性风情。

色彩平衡 ///

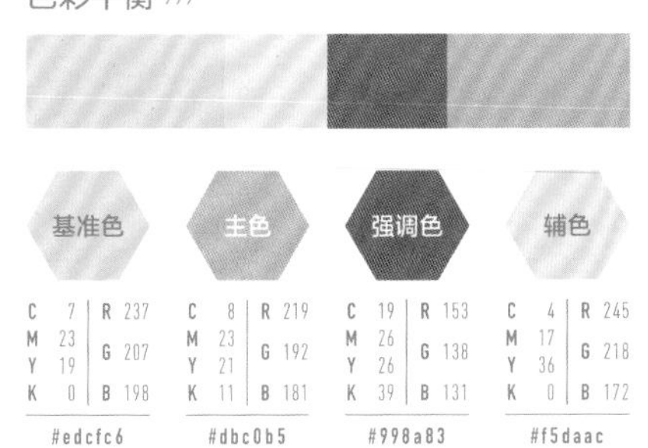

	基准色	主色	强调色	辅色
C	7	8	19	4
M	23	23	26	17
Y	19	21	26	36
K	0	11	39	0
R	237	219	153	245
G	207	192	138	218
B	198	181	131	172
	#edcfc6	#dbc0b5	#998a83	#f5daac

配色示例 ///

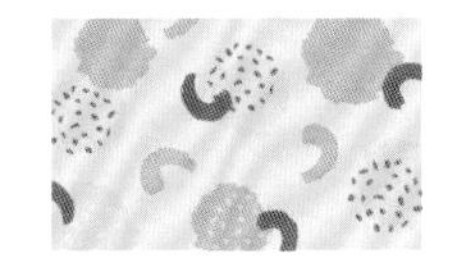

4

核心色 /// BABY BLUE 婴儿蓝
冬

蓝中带黄的浅淡蓝色看起来不会过于冰冷，能够打造出清澈透亮的冬季氛围，与淡紫色搭配在一起非常协调。

色彩平衡 ///

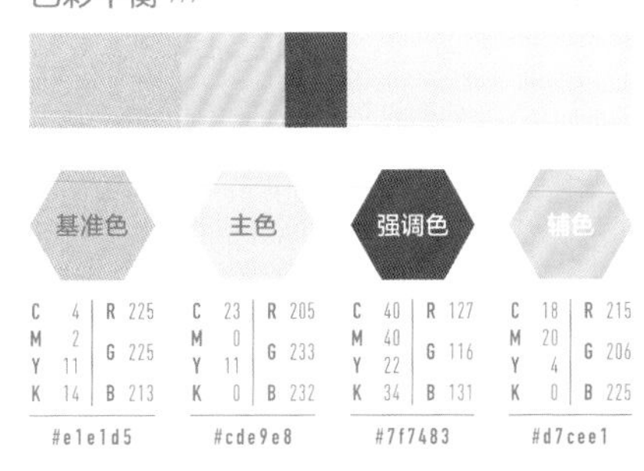

	基准色	主色	强调色	辅色
C	4	23	40	18
M	2	0	40	20
Y	11	11	22	4
K	14	0	34	0
R	225	205	127	215
G	225	233	116	206
B	213	232	131	225
	#e1e1d5	#cde9e8	#7f7483	#d7cee1

配色示例 ///

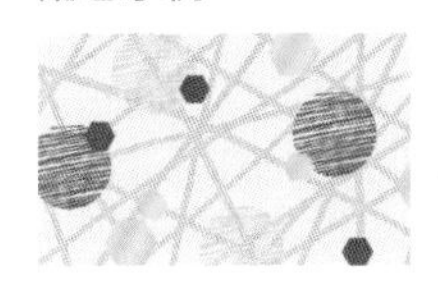

红酒的新品宣传海报

我利用边框去体现细腻感，
并根据红酒给人的印象使用了璀璨华丽的配色。

客户需求备忘录

- 老牌红酒公司开发了以女性为目标人群的全新红酒品牌。
- 这款红酒非常适合女性细腻的味觉，希望海报突显其细腻、上乘的口感。

新 OK

看起来过于厚重了吧？
需要体现细腻感时，最好使用轻盈的色彩。

NG

旧

看起来很厚重，与产品理念不符

看来配色必须符合产品理念才行啊。
我这个配色只适合用来宣传普通的红酒。

配色过于厚重

厚重的色彩不适合用在需要体现细腻感的版面上。

边框杂乱

边框使用的金色渐变也很厚重。

强调色太突出

强调色的饱和度与其他色彩相差太多，看起来很突兀。

字体效果不合适

多余的字体效果导致文字看起来模糊不清。

轻盈又富有女性风情的优雅

优化1

提高整体的明度，采用轻盈的色调，便可以获得清透又细腻的效果。

优化2

强调色使用比较沉稳的低饱和度金色，整个版面都散发着红酒的高级感。

优化3

边框等装饰均采用极简设计，可以完美体现女性风情中可爱的一面。

优化4

使用与字体颜色相同的酒红色制作渐变色装饰，兼具整体感与收缩效果。

需要表现细腻感时，
可以试试将明度较高的清透色彩搭配在一起。

修改前

Elegant

↓

修改后

Elegant

厚重的配色十分适合用在需要表现高级感的时候，但不适合用来表现细腻感。需要表现女性身上的那种优雅气质时，基准色使用明度较高的色彩、收缩色使用厚重的色彩，看起来会更加协调。

符合精神状态的

不同关键色的配色效果

1

核心色 /// GRAY 灰

内心平静

在情绪波动大的时候看看灰色，有助于使内心平静下来。灰色能够打动那些内心敏感的女性。

色彩平衡 ///

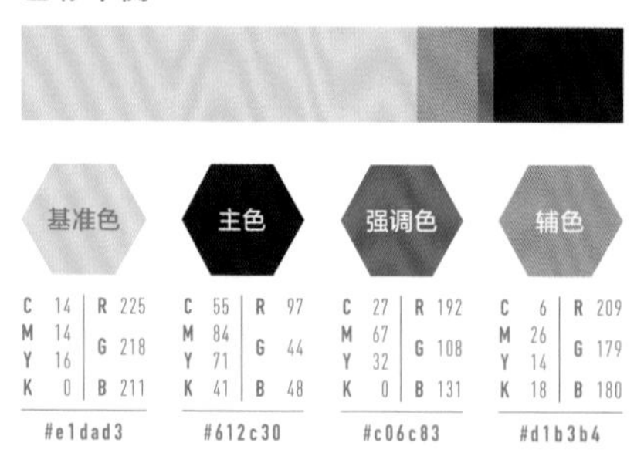

	基准色	主色	强调色	辅色
C	14	55	27	6
M	14	84	67	26
Y	16	71	32	14
K	0	41	0	18
R	225	97	192	209
G	218	44	108	179
B	211	48	131	180
	#e1dad3	#612c30	#c06c83	#d1b3b4

配色示例 ///

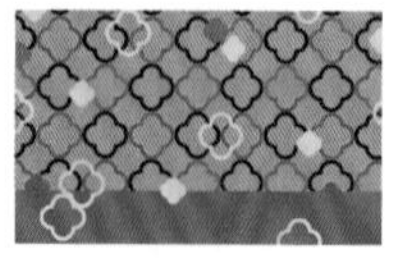

2

核心色 /// APRICOT 杏

开朗的心情

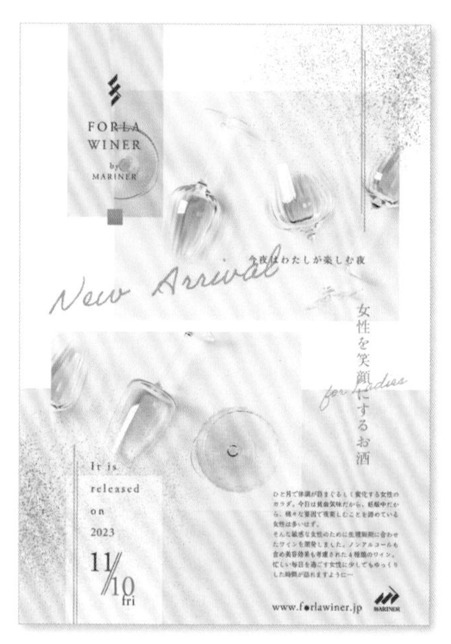

浅橙色的杏色能令人的心情变得活跃起来。杏色可引发人的好奇心，产生促使人冲动购物的效果。

色彩平衡 ///

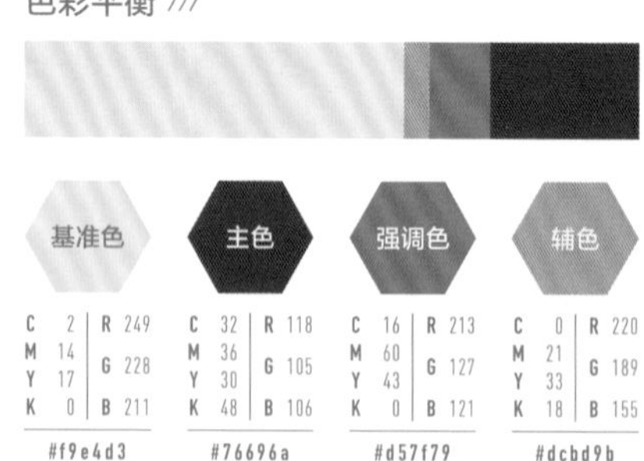

	基准色	主色	强调色	辅色
C	2	32	16	0
M	14	36	60	21
Y	17	30	43	33
K	0	48	0	18
R	249	118	213	220
G	228	105	127	189
B	211	106	121	155
	#f9e4d3	#76696a	#d57f79	#dcbd9b

配色示例 ///

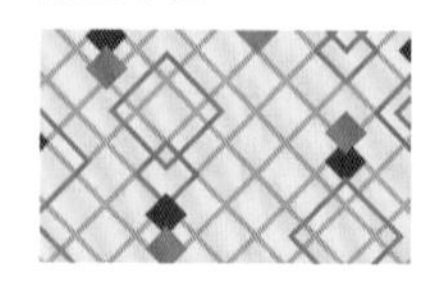

以清透的优雅配色为主题，
符合女性细腻敏感的精神状态的配色。

3

核心色 /// GREEN 绿
带来安稳与平静

绿色具有舒缓紧张情绪的作用，内心平静的时候看到绿色，会促使人产生想要休息的欲望。

色彩平衡 ///

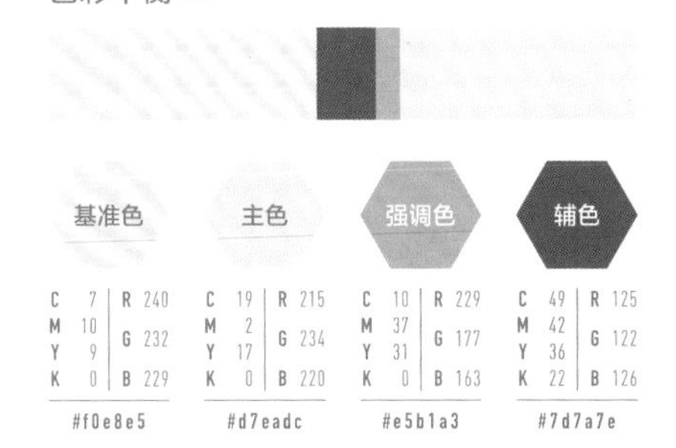

	C	M	Y	K	R	G	B	
基准色	7	10	9	0	240	232	229	#f0e8e5
主色	19	2	17	0	215	234	220	#d7eadc
强调色	10	37	31	0	229	177	163	#e5b1a3
辅色	49	42	36	22	125	122	126	#7d7a7e

配色示例 ///

4

核心色 /// LAVANDER 薰衣草
治愈身心

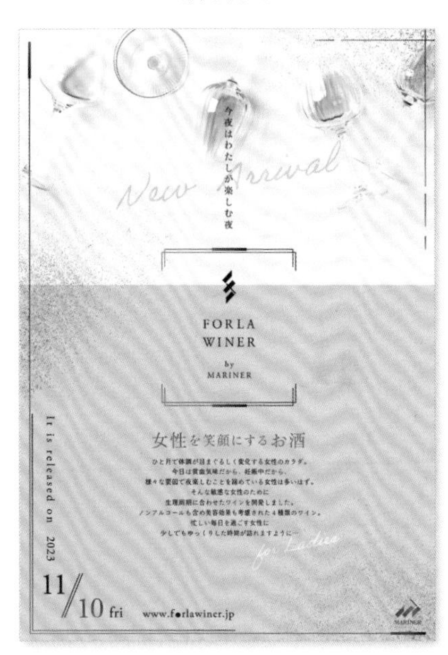

薰衣草色具有放松的效果，在感受到很大压力的时候看到薰衣草色，自然而然地便会为了寻求治愈而拿起海报来看看。薰衣草色还给人一种非常高贵的印象。

色彩平衡 ///

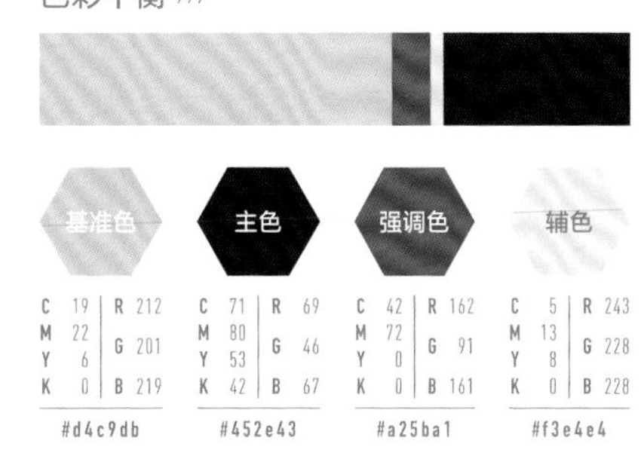

	C	M	Y	K	R	G	B	
基准色	19	22	6	0	212	201	219	#d4c9db
主色	71	80	53	42	69	46	67	#452e43
强调色	42	72	0	0	162	91	161	#a25ba1
辅色	5	13	8	0	243	228	228	#f3e4e4

配色示例 ///

为了打造出自然的风格，我加入了棕色系的色彩，结果整个设计乱七八糟的，根本看不清内容……

客户需求备忘录

- 想要打造女孩子会喜欢的自然又少女的氛围。
- 会有各个行业的店铺参加活动，希望色彩缤纷华丽。

新 OK

清色与浊色混用，很难具有整体感。
配色如果使用浊色，就只使用浊色。

NG

旧

明清色 × 浊色太扎眼

问题1

棕中带灰的棕色（浊色）与高饱和度的粉色、黄绿色（明清色）混合在一起，使版面毫无整体感。

问题2

背景图案与文字信息的色彩过于相近，导致看不清文字内容。

问题3

看得出来是想让文字信息更加醒目，但是用边框框起来之后产生了明确的分界线，看起来既呆板又突兀。

问题4

使用红色表达重要信息没有问题，但是使用的范围太小，看起来过于显眼了。

我还以为在配色中加入代表自然的棕色系色彩就行了，原来配色使用大自然中本身就有的色彩会更好啊！

痛点1 明清色×浊色不妥

明清色与浊色混合在一起，版面毫无整体感。

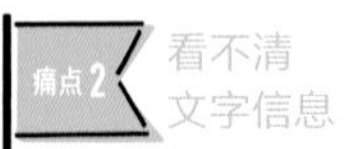

痛点2 看不清文字信息

色彩都很强烈，看不清文字信息。

痛点3 装饰很呆板

呆板的装饰与图案的设计理念不一致。

痛点4 强调色过于显眼

为了引起注意而使用的红色与整体的设计氛围不符。

新

仅用浊色打造自然的设计氛围

优化1：文字信息附近留白，不着痕迹地加上一些图案，可以统一版面氛围。

优化2：图案与文字的色彩有明显的明度差，与图案重合的文字也清晰可见。

优化3：全部由明度较高的浊色构成，即便使用了很多色彩，看起来也不会觉得凌乱，保持了自然风格的设计初衷。

优化4：只要加上装饰框，不必改变色彩也足以吸引客户的目光。

特别是在用到了插图且配色由多种色彩构成的情况下，统一使用浊色或清色，能令画面具有整体感。

修改前

清色指“纯色中混入白色或黑色的色彩”，混入白色的叫作“明清色”，混入黑色的叫作“暗清色”。浊色指“纯色中混入灰色的色彩”。当使用的色彩数量较多时，统一使用清色或浊色，更易于使画面具有整体感，也更便于完善设计意图。

符合年龄层的

不同色彩的配色效果

1 核心色 LIGHT GREEN 浅绿

目标年龄层：10至20岁

由明清色的浅色调构成的配色，可以给人可爱又朝气蓬勃的感觉。这个配色最适合生机勃勃的10至20岁的年轻人。

色彩平衡 ///

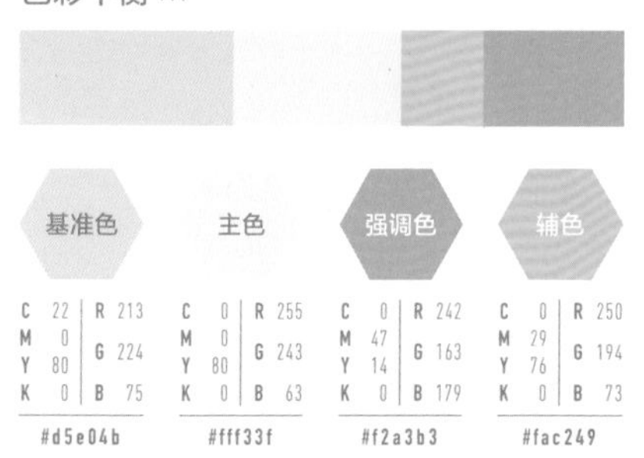

	基准色	主色	强调色	辅色
C	22	0	0	0
M	0	0	47	29
Y	80	80	14	76
K	0	0	0	0
R	213	255	242	250
G	224	243	163	194
B	75	63	179	73
	#d5e04b	#fff33f	#f2a3b3	#fac249

配色示例 ///

2 核心色 BABY PINK 婴儿粉

目标年龄层：20至30岁

整体使用明清色的淡色调，可以打造出柔软、轻盈的效果。只要统一使用淡色调，原以为会很扎眼的粉、黄、蓝的搭配，看起来就会很柔和，最适合如花似锦的20至30岁的人群。

色彩平衡 ///

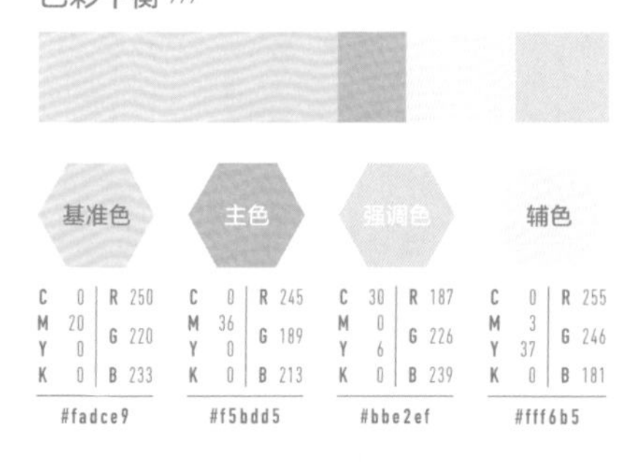

	基准色	主色	强调色	辅色
C	0	0	30	0
M	20	36	0	3
Y	0	0	6	37
K	0	0	0	0
R	250	245	187	255
G	220	189	226	246
B	233	213	239	181
	#fadce9	#f5bdd5	#bbe2ef	#fff6b5

配色示例 ///

来看看以特定年龄层为目标人群，
统一使用同色调色彩的配色可以创作出怎样的设计吧。

3 核心色 SOFT LAVENDER 柔和薰衣草紫

目标年龄层：30至40岁

需要营造出稍显沉稳的氛围时，推荐使用明灰色调的浊色。明度较高的浊色可以表现女性特有的高贵与华丽。

色彩平衡 ///

	基准色	主色	强调色	辅色
C	0	10	0	6
M	4	16	27	7
Y	32	0	29	0
K	0	2	0	8
R	255	229	249	230
G	245	218	203	227
B	192	234	177	235
Hex	#fff5c0	#e5daea	#f9cbb1	#e6e3eb

配色示例 ///

4 核心色 MISTY PINK 雾粉

目标年龄层：40至50岁

如果想要表现更加柔软的设计氛围，可以统一使用暖色系的色彩。配色统一使用明灰色调，并以雾粉色为中心进行配色，便能打造出非常雅致的版面。

色彩平衡 ///

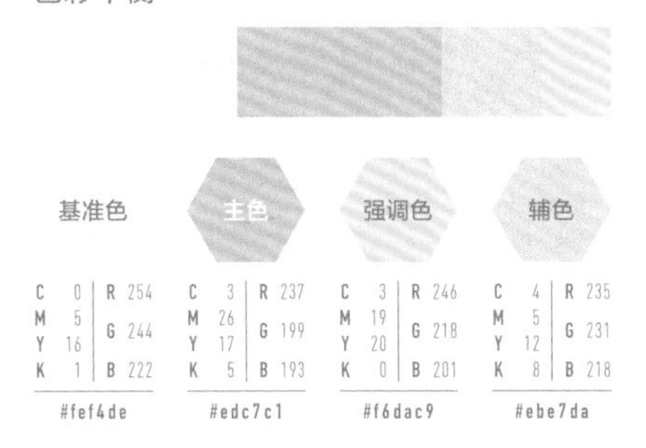

	基准色	主色	强调色	辅色
C	0	3	3	4
M	5	26	19	5
Y	16	17	20	12
K	1	5	0	8
R	254	237	246	235
G	244	199	218	231
B	222	193	201	218
Hex	#fef4de	#edc7c1	#f6dac9	#ebe7da

配色示例 ///

“现在流行对比柔和的渐变！”

旧 NG

新 OK

清澈透亮的渐变
=对比柔和

对比强烈的渐变给人一种很过时的感觉。假如想要向现代的年轻人推广，推荐使用对比柔和的渐变，可以打造出清澈透亮的柔软氛围。

要点

在制作渐变的过程中，除了要考虑色彩的搭配，还要**考虑对比的强弱**。

例如NG示例中那种对比强烈且色彩数量较多的渐变，看起来闪闪发光，但会给人一种厌烦的感觉。而OK示例中那种对比柔和且色彩数量较少的渐变，看起来十分清透，能够营造出突显色彩之美的柔美氛围。由此可见，**对比度的差异可以令视觉感受发生很大的变化**。尤其是**在制作面向年轻女性进行推广的版面时，推荐使用浅色的配色**。

需要打造少女、自然的风格时，又或是想要进一步完善照片或图画的设计风格时，可以尝试一下渐变效果，或许会产生一些前所未有的全新感觉。日常积累一些渐变的配色会方便许多。

\ 实用的2色渐变 /

C0 / M27 / Y11 / K0
R248 / G205 / B208

C29 / M24 / Y0 / K0
R190 / G190 / B223

C0 / M10 / Y60 / K0
R255 / G230 / B122

C35 / M0 / Y30 / K0
R177 / G219 / B194

C0 / M34 / Y47 / K0
R247 / G188 / B136

C42 / M17 / Y0 / K0
R157 / G190 / B229

C24 / M0 / Y14 / K0
R203 / G231 / B226

C24 / M41 / Y0 / K0
R199 / G163 / B203

C0 / M26 / Y9 / K0
R249 / G208 / B212

C21 / M0 / Y47 / K0
R213 / G229 / B159

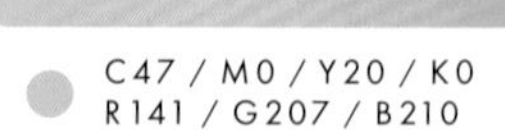

C47 / M0 / Y20 / K0
R141 / G207 / B210

C0 / M40 / Y0 / K0
R244 / G180 / B208

第 5 章

针对不同年龄层的设计

文字信息使用了儿童风格的活泼配色
来搭配给人感觉很柔和的背景。

客户需求备忘录

- 这是面向小学生的设施，希望能营造出充满童趣又活泼可爱的氛围。
- 想要一个从中能感受到创造力的自由又灵活的氛围。

这与想要的设计氛围也差太多了吧……
整体必须考虑到目标人群的年龄层才行啊。

旧

背景色与字体颜色的搭配凌乱

问题1

高饱和度的文字信息虽然很有儿童风格，但是与背景色呈现的氛围相去甚远，感觉很奇怪。

问题2

淡雅柔和的配色比较适合婴儿，与设施所面向的目标年龄层不符。

问题3

字体的装饰看起来既廉价又过时，与“未来”和“创造力”的主题不相符。

问题4

腰封使用了沉静色蓝色，与上面的欢快氛围产生了落差，气氛烘托得不到位。

同样是面向儿童的色彩，
面向婴儿的配色与面向小学生的配色完全不同啊……

痛点1 配色氛围和需求差异

背景色与字体颜色给人的感觉差太多了。

痛点2 与目标人群的年龄层不符

背景色与目标人群的年龄层不一致。

痛点3 装饰过时

装饰都是过去流行的设计，感觉很无趣。

痛点4 沉静色使用不当

沉静色不适合用在需要表达兴奋与期待的情况下。

新

具有整体感，欢快又符合儿童的风格

优化1

配色仅由对比度较高的高饱和度色彩构成，体现了小学生灵活的创造力。

优化2

在标题处加入一些动态元素，可以营造出趣味十足的气氛。

优化3

为了能够充分突出标题并给人留下深刻印象，宣传文案要排列得简单一些，明确文字信息的先后顺序。

优化4

字体颜色不用黑色而用灰色，可以带来柔和的感觉。

配色要点！

面向小学生的广告，
配色可以使用清晰明了的色调。

修改前

修改后

配色时考虑目标人群的年龄层，是制作广告的过程中极其重要的一点。当目标人群是小学生时，饱和度和明度都比较高的明亮色调是最佳选择。此外，整体版面也需要考虑目标人群的年龄层。

遵循想要表达的主题的

不同关键色的配色效果

1

核心色 /// BLUE×PURPLE 蓝×紫
宇宙

富有神秘感的紫色与令人联想到天空的蓝色搭配在一起，可以表现宇宙。强调色推荐使用黄中带绿的亮黄色。

色彩平衡 ///

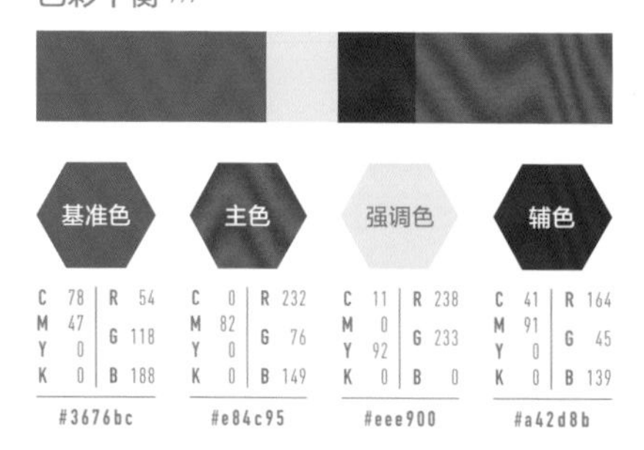

	基准色	主色	强调色	辅色
C	78	0	11	41
M	47	82	0	91
Y	0	0	92	0
K	0	0	0	0
R	54	232	238	164
G	118	76	233	45
B	188	149	0	139
	#3676bc	#e84c95	#eee900	#a42d8b

配色示例 ///

2

核心色 /// ORANGE×PINK 橙×粉
希望

橙色与粉色最适合用来表现希望与幸福感。整体使用暖色系，可以表现出孩子们充满希望的样子。

色彩平衡 ///

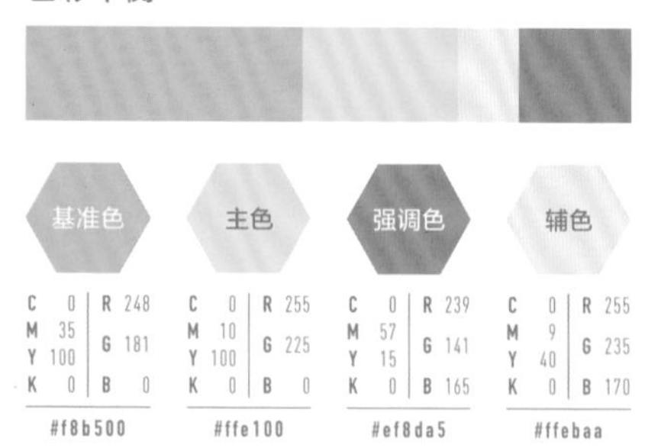

	基准色	主色	强调色	辅色
C	0	0	0	0
M	35	10	57	9
Y	100	100	15	40
K	0	0	0	0
R	248	255	239	255
G	181	225	141	235
B	0	0	165	170
	#f8b500	#ffe100	#ef8da5	#ffebaa

配色示例 ///

以面向小学生的明亮配色为基础，
遵循主题选择色彩，可以打造出各式各样的世界。

3

核心色 /// BLUE×GRAY 蓝×灰

科学

需要表现科学与哲学时，推荐使用灰色与亮蓝色。字体颜色也使用偏蓝的灰色，可以增加知性的印象。

色彩平衡 ///

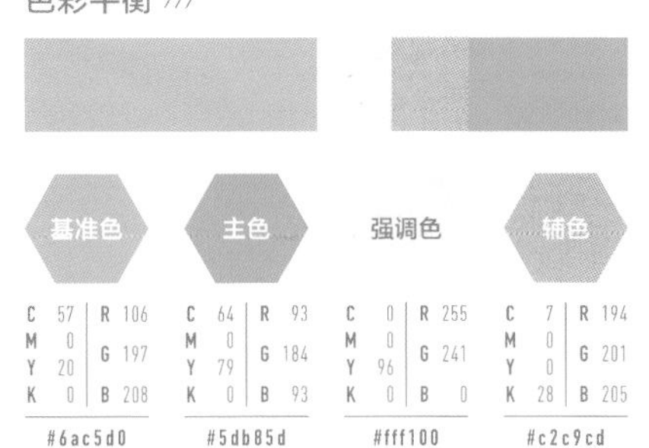

	基准色	主色	强调色	辅色
C	57	64	0	7
M	0	0	0	0
Y	20	79	96	0
K	0	0	0	28
R	106	93	255	194
G	197	184	241	201
B	208	93	0	205
	#6ac5d0	#5db85d	#fff100	#c2c9cd

配色示例 ///

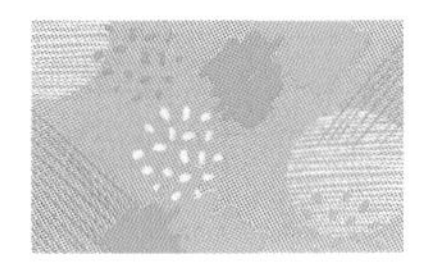

4

核心色 /// BLUE×YELLOW 蓝×黄

夜空

深浅不同的蓝色搭配在一起，再配上黄色的强调色，可以打造出仿佛星空一般的版面，这是非常适合用来体现儿童创造力的配色。

色彩平衡 ///

	基准色	主色	强调色	辅色
C	36	90	0	90
M	0	34	18	73
Y	15	18	100	0
K	0	0	0	13
R	173	0	254	31
G	219	129	212	68
B	222	178	0	147
	#addbde	#0081b2	#fed400	#1f4493

配色示例 ///

校园开放日的宣传单

旧 NG

本想设计出知性的感觉，
结果出来的效果却显得有些老气。

客户需求备忘录

- 想要10至20多岁的学生看到会感兴趣的设计。
- 理想效果是看起来知性而且充满了能开拓光明未来的希望。

新 OK

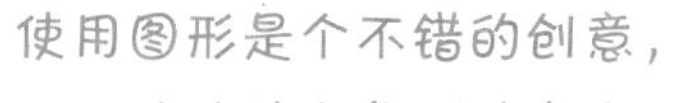

使用图形是个不错的创意，
可以试试改成华丽的色彩，打造出朝气蓬勃的感觉。

NG

旧

面向中年男性的朴素配色

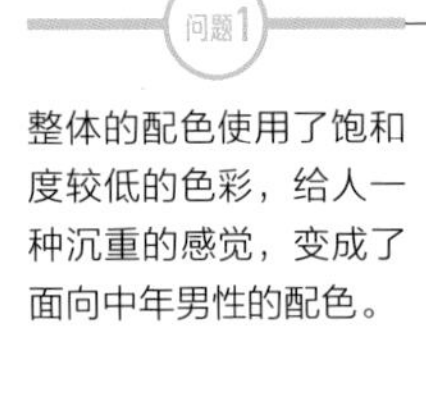

问题1

整体的配色使用了饱和度较低的色彩，给人一种沉重的感觉，变成了面向中年男性的配色。

问题2

装饰与字体也都过时了，完全偏离了目标人群的年龄层。

问题3

标题附近无意义的留白过多，而详细信息附近却完全没有留白，看起来非常不协调。

问题4

并不是很重要的信息却使用了具有吸引注意力效果的红色，导致不重要的信息过于显眼。

原来低饱和度的深色不适合年轻人啊。

痛点1 色彩过于朴素

低饱和度的配色更适合中年男性。

痛点2 表现手法过时

装饰和字体都过时了。

痛点3 留白不协调

没有正确运用留白的效果。

痛点4 强调色显眼不当

未能有效使用强调色。

新

充满知性与朝气

优化1

选择粉色作为主色，可以打造出充满幸福与希望的版面。

优化2

几何图案分布在各处，使整个版面充满了动态感，令人联想到光明的未来。

优化3

整体统一使用明亮的暖色系，可以打造出朝气蓬勃又明媚耀眼的感觉。

优化4

辅色使用灰色看起来不会太稚气，还能营造出散发着知性美的沉稳氛围。

只要辅色选对了，
就能打造出适合各类年轻人的风格。

配色要点！

修改前

↓

修改后

不能因为面向年轻人，配色就全部选择高饱和度的色彩，这样会导致设计看起来很幼稚。加入一个灰色或米色之类低饱和度的色彩，便能打造出拥有恰到好处的知性与沉稳氛围的版面了。

符合大学体系的
不同关键色的配色效果

1

核心色 /// BLUE 蓝
理科

看起来很知性的冷色系非常符合理科的形象。使用黄色作为强调色，可以给人充满大学生气息的新鲜感。

色彩平衡 ///

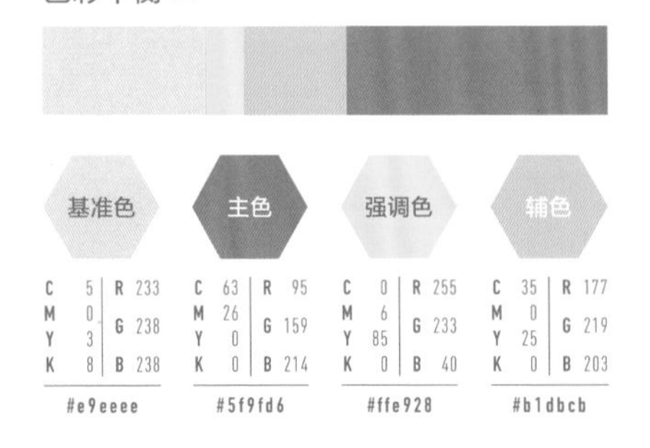

	基准色	主色	强调色	辅色
C	5	63	0	35
M	0	26	6	0
Y	3	0	85	25
K	8	0	0	0
R	233	95	255	177
G	238	159	233	219
B	238	214	40	203
	#e9eeee	#5f9fd6	#ffe928	#b1dbcb

配色示例 ///

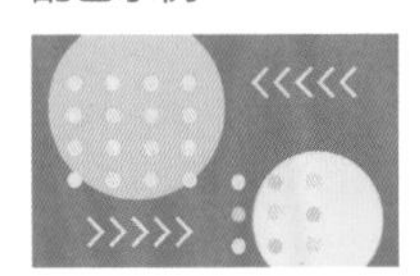

2

核心色 /// PINK 粉
女子大学

粉色与水色是面向女性的设计中最常用的搭配。清澈透亮的淡蓝色，给人可爱之中又洋溢着爽朗气息的印象。

色彩平衡 ///

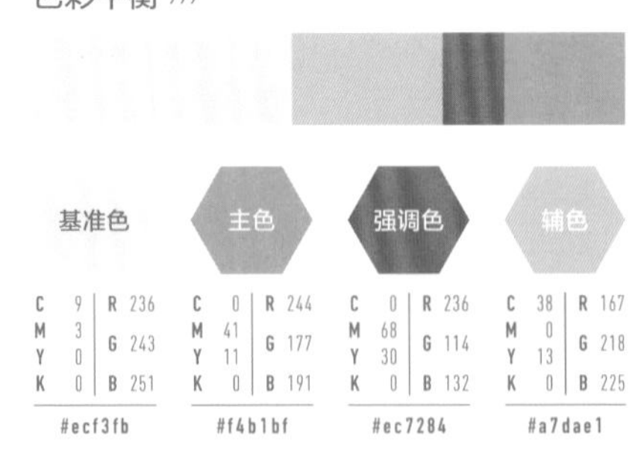

	基准色	主色	强调色	辅色
C	9	0	0	38
M	3	41	68	0
Y	0	11	30	13
K	0	0	0	0
R	236	244	236	167
G	243	177	114	218
B	251	191	132	225
	#ecf3fb	#f4b1bf	#ec7284	#a7dae1

配色示例 ///

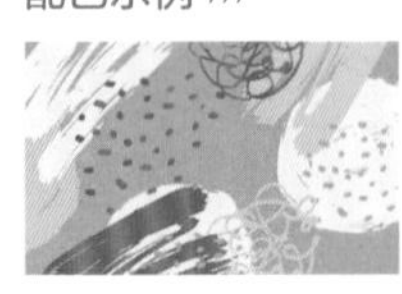

有效利用色彩本身给人的印象，
可以瞬间体现出大学与专业的特征。

3

核心色 /// MINT 薄荷
设计系

位于色相环三等分位置的三种色彩搭配在一起的配色，可以带给人富有创造力的印象。大面积使用基准色，能避免设计看起来过于稚气。

色彩平衡 ///

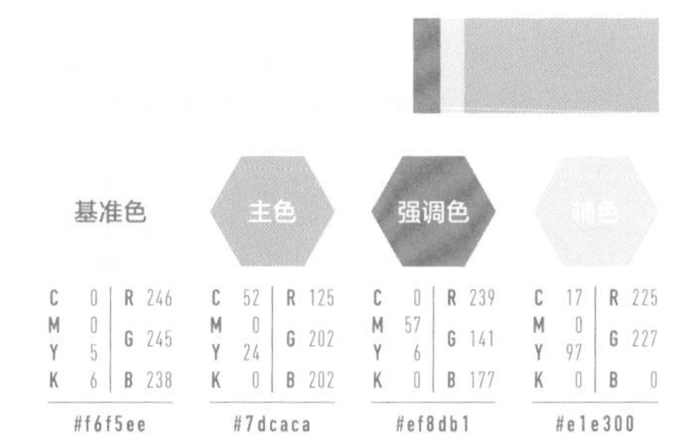

	基准色	主色	强调色	辅色
C / M / Y / K	0 / 0 / 5 / 6	52 / 0 / 24 / 0	0 / 57 / 6 / 0	17 / 0 / 97 / 0
R / G / B	246 / 245 / 238	125 / 202 / 202	239 / 141 / 177	225 / 227 / 0
HEX	#f6f5ee	#7dcaca	#ef8db1	#e1e300

配色示例 ///

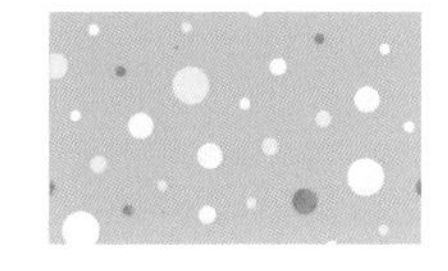

4

核心色 /// GREEN 绿
福祉系

绿色是能够表现出放心与治愈的色彩，于福祉系而言再适合不过了。绿色与柠檬黄色搭配在一起，还能同时表现出学生朝气蓬勃的特质。

色彩平衡 ///

	基准色	主色	强调色	辅色
C / M / Y / K	10 / 0 / 12 / 0	52 / 0 / 62 / 0	0 / 39 / 84 / 0	2 / 0 / 92 / 0
R / G / B	235 / 245 / 233	133 / 197 / 126	247 / 175 / 48	255 / 240 / 0
HEX	#ebf5e9	#85c57e	#f7af30	#fff000

配色示例 ///

为了营造出柔和的氛围，
配色统一使用了粉彩色。

客户需求备忘录

- 以30至40岁注重健康的人为目标人群的咖啡店。
- 希望打造出看起来清透、沉稳的时尚氛围。

选择柔和的配色没有问题，
但是相对于目标人群的年龄层，似乎有些年轻化了。

NG

旧

粉彩色过于年轻

只需要调整一下饱和度，
就可以体现不同年龄层之间的细微差异啊！

痛点1 文字与照片的明度相同

文字与照片没有明度差，导致版面看不清楚。

痛点2 色彩过于年轻

粉彩色很可爱，但是太孩子气了。

痛点3 与照片氛围不符

装饰与色彩和照片的氛围不符。

痛点4 部分信息过于显眼

只有一处使用了黑色，看起来过于显眼。

OK

新

用灰色打造成熟氛围

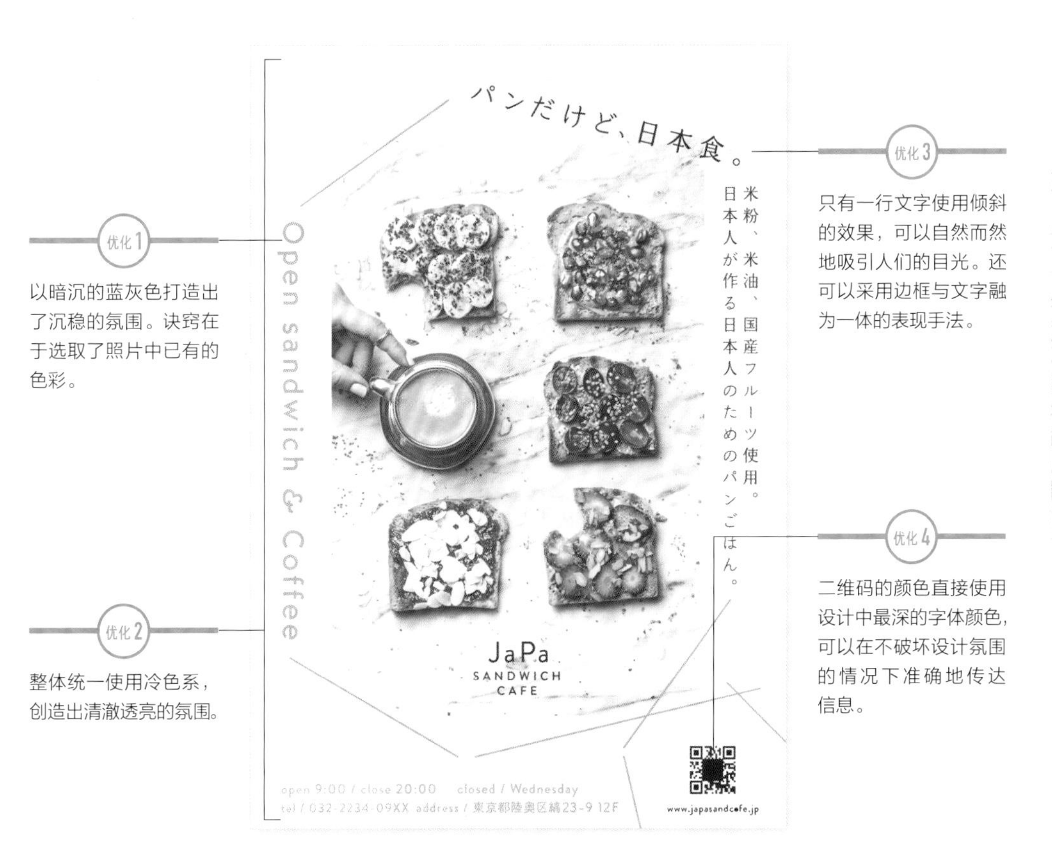

优化1

以暗沉的蓝灰色打造出了沉稳的氛围。诀窍在于选取了照片中已有的色彩。

优化2

整体统一使用冷色系，创造出清澈透亮的氛围。

优化3

只有一行文字使用倾斜的效果，可以自然而然地吸引人们的目光。还可以采用边框与文字融为一体的表现手法。

优化4

二维码的颜色直接使用设计中最深的字体颜色，可以在不破坏设计氛围的情况下准确地传达信息。

想要打造沉稳的成熟氛围，
可以试试有效地利用灰色。

修改前

CAFE MENU

↓

修改后

CAFE MENU

灰色顾名思义，是看起来仿佛蒙上了一层灰的色彩。灰色中包括亮色与暗色，需要打造出清澈透亮的效果时，大量使用明度较高的灰色，就可打造出非常高雅的氛围。

符合店铺室内装饰的

不同关键色的配色效果

1

核心色 /// PINK 粉

店内统一使用暖色系装饰

店内的沙发和针织物等室内装饰都是暖色系的店铺，最适合使用灰粉色，可以打造出稍显华美的感觉。

色彩平衡 ///

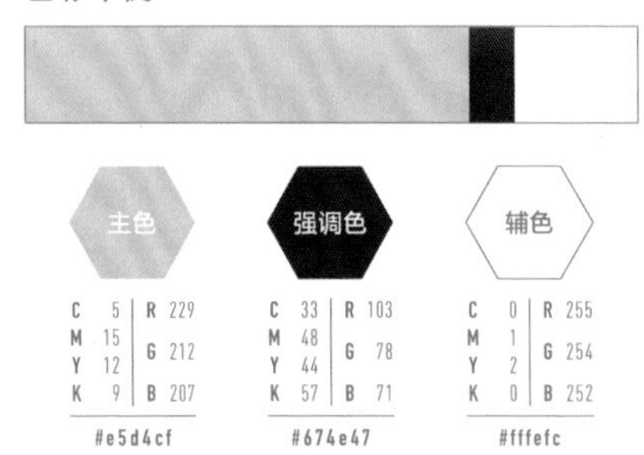

	主色	强调色	辅色
C	5	33	0
M	15	48	1
Y	12	44	2
K	9	57	0
R	229	103	255
G	212	78	254
B	207	71	252
	#e5d4cf	#674e47	#fffefc

配色示例 ///

2

核心色 /// GREEN 绿

店内有赏叶植物

装饰着大量赏叶植物的店铺，配色选择比较亮的灰绿色作为主色，可以令人联想到沉静的治愈空间。

色彩平衡 ///

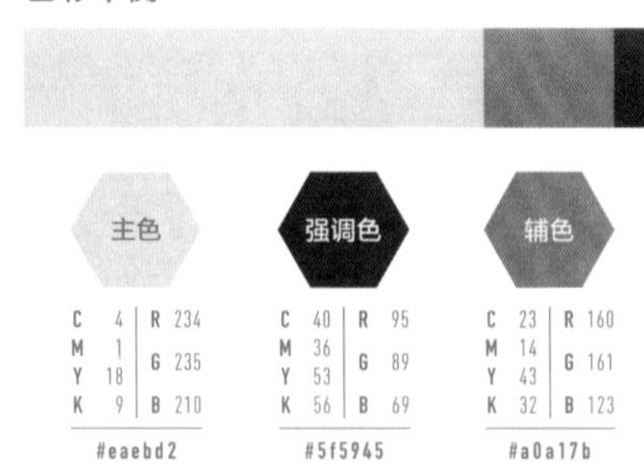

	主色	强调色	辅色
C	4	40	23
M	1	36	14
Y	18	53	43
K	9	56	32
R	234	95	160
G	235	89	161
B	210	69	123
	#eaebd2	#5f5945	#a0a17b

配色示例 ///

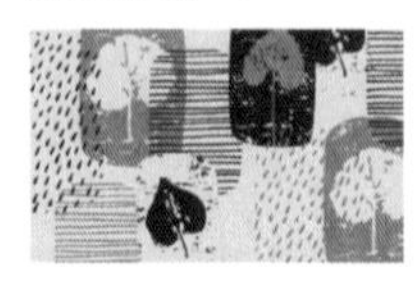

为避免进入店内时的感觉与宣传单给人的印象产生差异，
可以根据室内装潢选择配色。

3

核心色 /// BROWN 棕

使用实木家具的自然风店铺

以实木风格的家具为主的自然风店铺，可以使用偏黄的棕色。明度较高的棕色看起来不会过于厚重。

色彩平衡 ///

	主色	强调色	辅色
C	9	39	13
M	8	40	12
Y	15	46	28
K	3	45	14
R	233	113	207
G	229	101	201
B	216	89	174
	#e9e5d8	#716559	#cfc9ae

配色示例 ///

4

核心色 /// BLUE 蓝

无机物质感的简约风店铺

统一使用大理石、灰色和白色等无彩色室内装饰的店铺，可以使用灰蓝色以打造出清澈的洁净感与高雅的氛围。

色彩平衡 ///

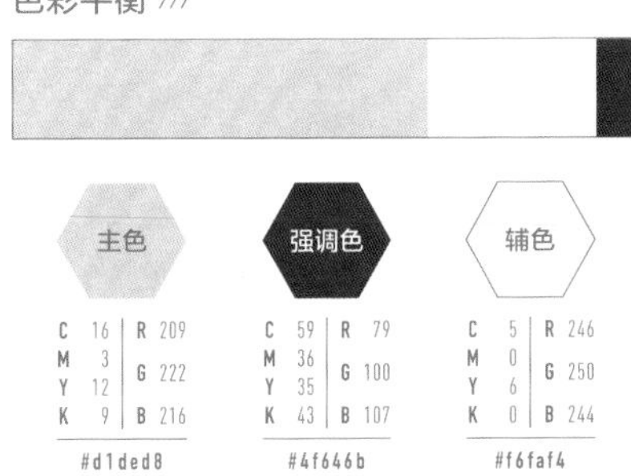

	主色	强调色	辅色
C	16	59	5
M	3	36	0
Y	12	35	6
K	9	43	0
R	209	79	246
G	222	100	250
B	216	107	244
	#d1ded8	#4f646b	#f6faf4

配色示例 ///

旧

我想营造出温和的氛围，于是选择了明亮的色彩，
但是看起来好像太年轻了吧？

客户需求备忘录

- 希望设计能给人安全感，看起来柔软又温和。
- 手册是给老年人看的，希望可以重视易读性。

所选的颜色本身没什么问题，
可以试试直接降低色彩的饱和度。

NG

旧

没有明度差导致可读性较差

问题1

背景、照片、字体的色彩互相影响，导致看不清文字。考虑到可读性，最好使用简单的字体。

问题2

明亮又可爱的粉色与目标人群的年龄层不符。

问题3

文字与装饰的色彩没有明度差，缺乏对比度，导致文字与装饰融合在了一起，看不清内容。

问题4

在面向年长者的情况下，视觉识别性与可读性非常重要。尤其是字号较小的文字，黑体比宋体更易于阅读。

比起注重氛围，
配色更需要考虑可读性！

痛点1 可读性较差

文字与照片互相影响，看不清文字。

痛点2 配色更适合年轻人

配色过于可爱，不适合年长者。

痛点3 对比度不足

装饰与文字的色彩相似，看起来不够醒目。

痛点4 选择了错误的字体

宋体的线条较细且相对不易于阅读，不宜使用。

OK

新

文字易于阅读，很有安全感

优化1

与文字重叠的背景部分使用了半透明的效果，还可以调整字体、字距、行间距，提高可读性。

优化2

采取简约的设计，重视易读性。色彩也使用了低饱和度的绿色，这是无论男女都很喜爱的色彩。

优化3

说明文字使用了通用设计字体中的黑体。稍微扩大一下字体的行间距，这对阅读这段文字的人来说会比较方便。

优化4

将全部色彩的色调调低，统一使用暗色调，就能变为面向年长者的沉稳配色。

面向年长者的设计，不仅要注意配色，还要注意字体与装饰。

配色要点！

修改前

↓

修改后

提高明度差并降低饱和度，便可以打造出面向年长者的沉稳配色。同时，建议装饰尽量简单一些，字体选择对所有人来说都易于阅读的“通用设计（UD）字体”，可以确保文字的可读性。

符合生活环境的

不同色彩的配色效果

1 核心色 ELM GREEN 榆树绿

平静的日常

能令人联想到健康、安静、平稳的绿色，是对那些向往平静生活的人有着极佳宣传效果的色彩。人们看到像榆树树叶那样低饱和度的黄绿色（榆树绿）时，内心会变得很平静。

色彩平衡 ///

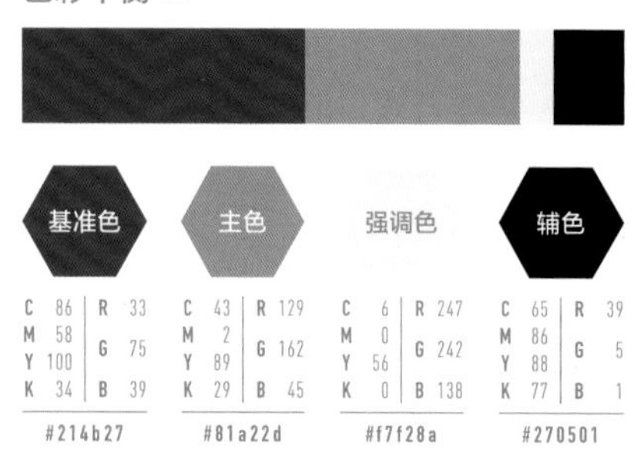

配色示例 ///

2 核心色 MULBERRY 桑葚紫

优雅的生活

紫色一直被人们视作高贵的色彩。其中饱和度较低的紫红色（桑葚色），是可以让人感受到优雅气质的色彩。需要向追求悠闲的日常生活的人群宣传时，推荐使用这个配色。

色彩平衡 ///

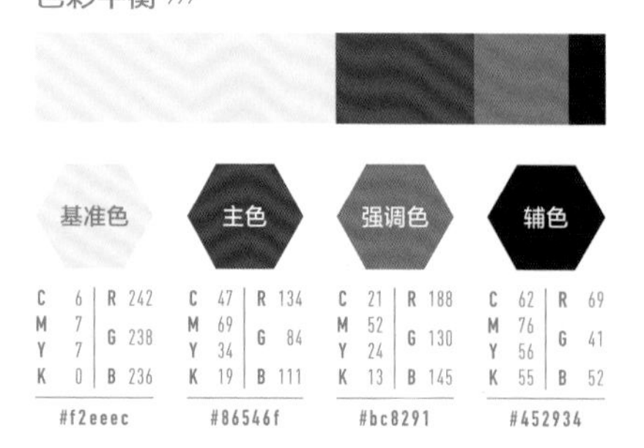

配色示例 ///

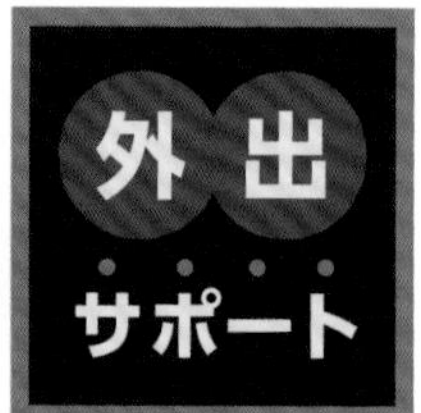

资料最好能让人想象得到会过上怎样的生活。
来看看符合情境的配色吧。

3 核心色 PORCELAIN BLUE 瓷蓝

悠闲度过每一天

蓝色具有能让人细细感受时光流逝的效果。暗哑沉稳的蓝色（瓷蓝色）对于那些想要过上悠闲又自在日常生活的人来说，有着很好的宣传作用。

色彩平衡 ///

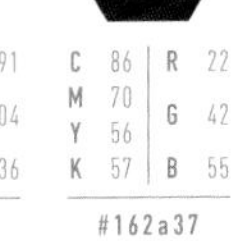

	基准色	主色	强调色	辅色
C	9	55	25	86
M	2	23	0	70
Y	9	29	90	56
K	0	19	12	57
R	237	109	191	22
G	244	147	204	42
B	237	154	36	55
	#edf4ed	#6d939a	#bfcc24	#162a37

配色示例 ///

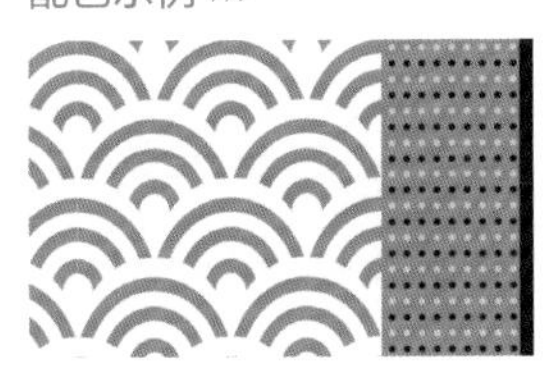

4 核心色 SINNAMON 肉桂橙

大众化的热闹生活

以富有亲切感、能令人产生同伴意识的橙色为主色，可以营造出充满活力的印象。暗淡的橙色（肉桂色）能够体现人们在这里相亲相爱地度过每一天的生活环境。

色彩平衡 ///

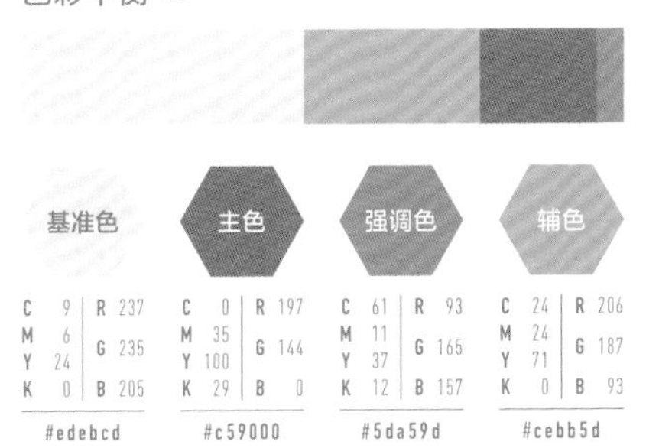

	基准色	主色	强调色	辅色
C	9	0	61	24
M	6	35	11	24
Y	24	100	37	71
K	0	29	12	0
R	237	197	93	206
G	235	144	165	187
B	205	0	157	93
	#edebcd	#c59000	#5da59d	#cebb5d

配色示例 ///

"设计时应考虑到是否易于阅读和理解！"

面向年长者的设计
=充分考虑是否易于理解

面向年长者的设计的关键在于"是否易于阅读和理解，以及内容是否清晰"。

应当从字体的选择、配色，以及自然的装饰着手去设计，并在配色上加强对比度以提高视觉识别性。

使用的UD字体

訪問介護

A-OTF UD新丸ゴ Pro M

要点

"通用设计（UD）"是指尽量排除掉年龄和能力等诸多因素的影响，尽最大的可能让更多的人可以使用而创造出来的设计。而平面设计中的UD**主要与配色、字体、装饰有关**。

以前文的面向年长者的设计为例来详细说明一下吧。NG示例的配色全部由浅色构成，虽然体现出了柔和的氛围，但是由于对比度较低，年长者看着会觉得模糊不清。此外，字体也使用了明朝体（即宋体），可读性较差。

与之相比，OK示例的**背景色与字体颜色的对比清晰，因此文字看起来非常清楚**。字体方面，使用了UD字体中的圆体，不仅看起来足够清晰，还加强了柔和感。在创作通用设计时，一定要注意是否便于阅读和理解。

\ 适合与配色搭配使用的UD字体 /

無料相談承ります UD タイポス 512 Std R	無料相談承ります A-OTF UD 新ゴ Pr6 M	無料相談承ります ヒラギノ UD 丸ゴ StdN W6
無料相談承ります A-OTF UD 黎ミン Pr6 M	無料相談承ります ヒラギノ UD 丸ゴ Std W3	無料相談承ります TBUD ゴシック Std SL

EVENT COLOR 不同活动的配色示例

第6章

针对不同活动的设计

情人节活动的宣传海报

红色与粉色的固有概念太强，
看起来有些幼稚……

客户需求备忘录

- 希望海报能让成熟的职场女性看到后产生购买的欲望。
- 希望海报在视觉上能让人因期待邂逅精致美味的巧克力而雀跃不已。

试着去思考一下，
如何配色才能表现出令成熟女性产生兴趣的“美味感”吧！

NG

旧

老套的表现手法与配色给人幼稚的印象

问题1

背景与桃心所使用的粉色饱和度过高，看起来很幼稚。

问题2

桃心与丝带的装饰过于显眼，遮挡了主图的照片。

问题3

渐变与照片的明度差较低，导致标题毫无存在感。

问题4

桃心、丝带、粉色……配色与装饰都偏向于表现“爱情”，没能体现出高级巧克力本身的魅力。

除了要考虑目标人群的喜好，
还需要能令人对味道产生兴趣的配色与装饰啊。

痛点1 饱和度过高看起来孩子气

高饱和度的浅色会给人幼稚的感觉。

痛点2 装饰过于显眼

装饰给人的印象比照片和文字信息还要强烈。

痛点3 文字与背景同化

文字与背景照片的明度差较低，导致看不清文字内容。

痛点4 表现手法偏离主旨

表现手法老套，偏离了原本的方向。

简约又高雅，把巧克力衬托得更加夺目

优化1

一眼就能看出是巧克力的视觉效果。配色也以棕色为基准色，令人瞬间就能联想到香甜的巧克力。

优化2

偏红的棕色与简约的装饰打造出了能够触动成熟女性心弦的视觉效果。

优化3

强调色使用了粉色，体现了情人节特有的“爱情”元素。偏黄的粉色与棕色搭配在一起也非常协调。

优化4

增加周围的留白与字体的间距，营造出能给人留下深刻印象的余韵。

配色要点！

食品相关的活动宣传，最好选择与目标人群相符且能激发食欲的配色！

修改前

CHOCOLATE

修改后

CHOCOLATE

近年来，参加工作的独立女性越来越多，巧克力早已不再只是送给恋人的礼物了，有不少人都是因为想买来奖励自己而期待着情人节的活动。与其使用偏向于爱情的表现方式，不如在设计过程中尝试一下能让人们对商品本身产生兴趣的视觉效果与配色。

符合巧克力种类的

不同关键色的配色效果

1

核心色 /// DARK BROWN 黑棕
黑巧克力

主色使用接近黑色的黑棕色，可以瞬间使人联想到浓郁的可可，打造出了一个充满黑巧克力的世界。黑棕色与金色搭配在一起也非常协调。

色彩平衡 ///

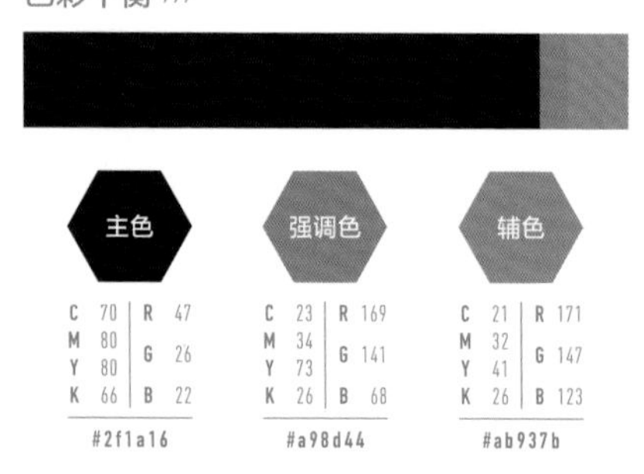

配色示例 ///

2

核心色 /// CREAM 奶油
白巧克力

大胆地使用偏黄的奶油色来修饰整个版面，可以打造出令人想到味道特别甜腻的白巧克力的视觉效果。

色彩平衡 ///

配色示例 ///

只需要改变主色，
就能表现不同种类的巧克力。

3

核心色 /// WINE RED 酒红
威士忌酒心巧克力

色彩深邃的酒红色最适合让人联想到洋酒，可以试试用紫红色与灰色渲染高雅又成熟的氛围。

色彩平衡 ///

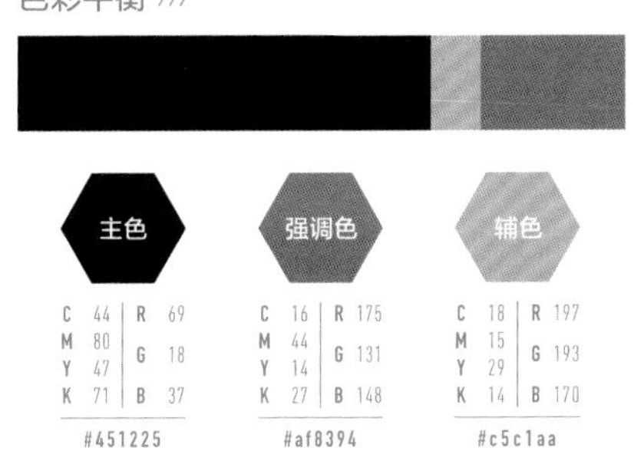

配色示例 ///

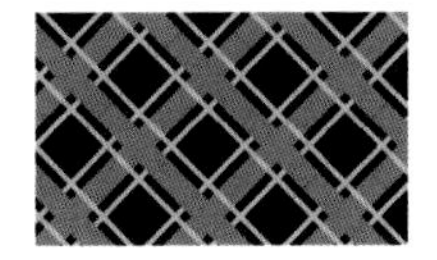

4

核心色 /// BISCUIT 饼干色
坚果巧克力

棕中带红的微暗棕色（饼干色）最适合用于表现口感很好的坚果。有一定程度的明度差可以充分衬托出照片的魅力。

色彩平衡 ///

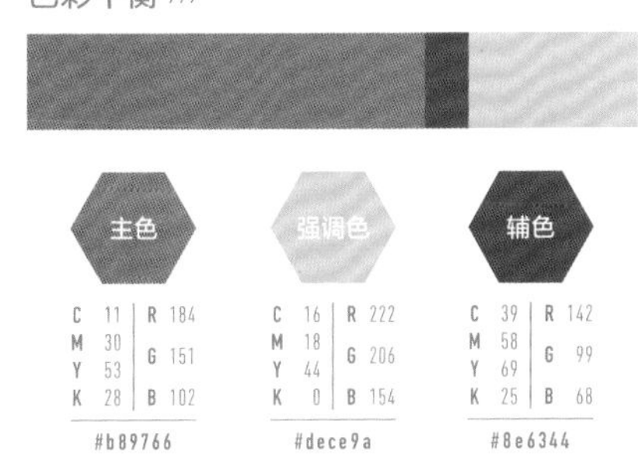

配色示例 ///

母亲节礼物特辑的横幅广告

为了能一眼看出是母亲节，
我使用了粉色和红色来让花朵更加醒目。

客户需求备忘录

- 希望设计能体现对母亲的感谢之情，营造出既华丽又柔和的氛围。
- 相关产品的种类非常丰富，需要体现出热闹非凡的感觉。

新 OK

背景是白色会显得图案很烦琐……
可以试试设法突出文字信息。

NG

旧

背景图案比文字信息更显眼

问题1

白色的底色配上深粉色与红色，对比过于强烈，显得背景很乱，还干扰了文字信息。

问题2

在表达感谢之情的地方使用蓝色会突出冷静的印象，无法表现出温暖的情感，给人感觉很不协调。

问题3

字体的线条很细，给人留下的印象比较淡薄，完全被背景图案的强烈色彩夺去了风头。

问题4

常见的渐变效果与简约的边框设计搭配在一起很不协调。

我光想着利用花朵的色彩去表现华丽感，没有考虑到整体的效果。

痛点1 背景色的对比不当

白色×深色的对比强烈，过于显眼。

痛点2 色彩使用不当

表达感谢之情的地方不能使用冷色。

痛点3 字体选择错误

背景图案非常强烈，显得字体比较淡薄。

痛点4 装饰与色彩不协调

简约的边框不宜搭配浓重的色彩。

既华丽又能传达信息

优化1 削弱背景中图案与基准色的对比度，打造出整体看起来很华丽的配色。

优化2 令人内心平静、坦诚的绿色是最适合用来表达感谢之情的色彩。

优化3 在标题文字上多花些心思，能达到进一步吸引注意力的效果。字体使用了背景图案里的色彩，所以看起来也很有整体感。

优化4 边框虽然简单，但是使用了虚线，增添了可爱的感觉。

使用有图案的背景时，
配色要充分考虑到背景的作用。

修改前

修改后

为了避免背景比主要信息更加醒目，在选择色彩时需要充分注意削弱对比度以突显文字信息。另外，设计具有信息性的广告时，配色最好考虑到色彩本身给人的印象。

符合礼物内容的

不同色彩的配色效果

1 主色 LIGHT GREEN 浅绿

鲜花类礼物

配色以黄绿和绿色为主，再加入些许粉色，可以营造出幸福洋溢的氛围。字体颜色也使用了比较明亮的棕色，这样看起来更加自然。这个配色最适合鲜花类礼物。

色彩平衡 ///

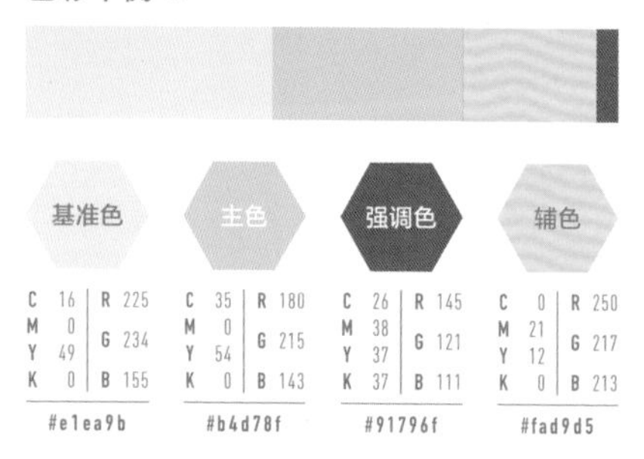

配色示例 ///

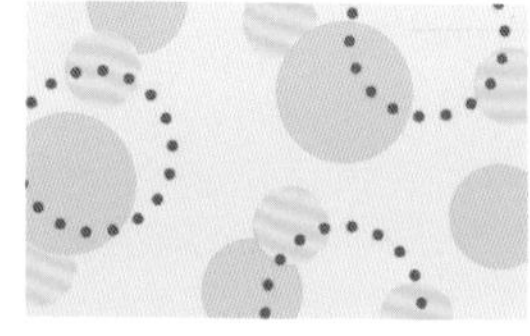

2 主色 CORAL ORANGE 珊瑚橙

糖果类礼物

偏红的橙色有助于增强食欲。配色统一使用暖色系，可以打造出热闹又愉快的氛围，还能充分传达出用美味的礼物让母亲展露笑容这一信息。

色彩平衡 ///

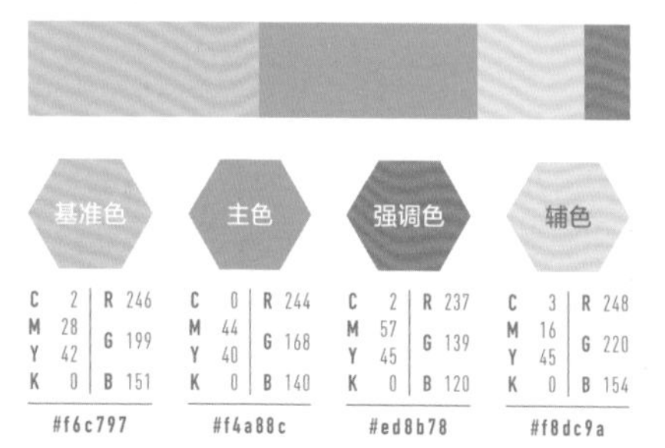

配色示例 ///

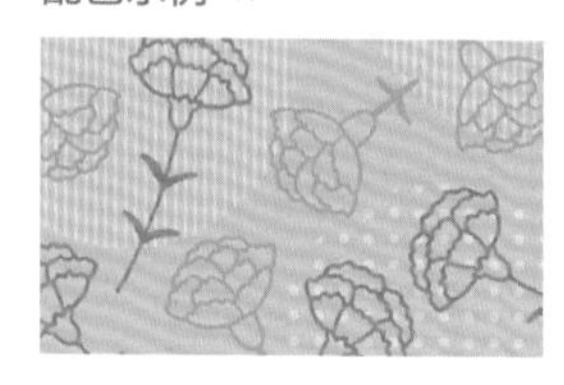

只需要改变与粉色搭配的色彩，
便可以达到暗示礼物内容的视觉效果。

3 主色

LIGHT BLUE 浅蓝

护肤类礼物

富有清透感与洁净感的浅蓝色最适合用于宣传护肤品。全部使用冷色会给人一种冰冷的感觉，但是只要在冷色之中加入粉色，便可以打造出柔和又具有女性气质的氛围。

色彩平衡 ///

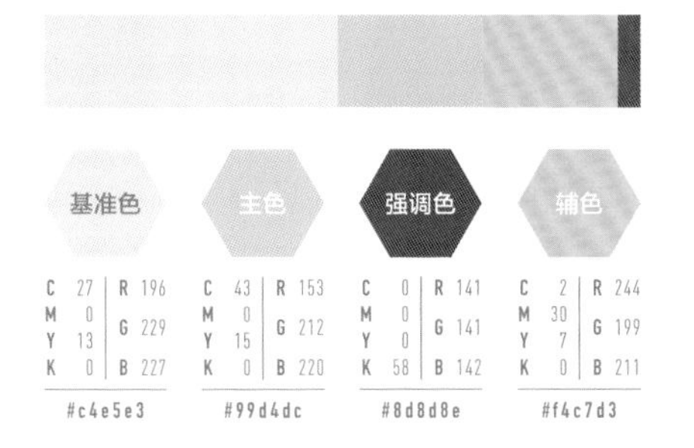

配色示例 ///

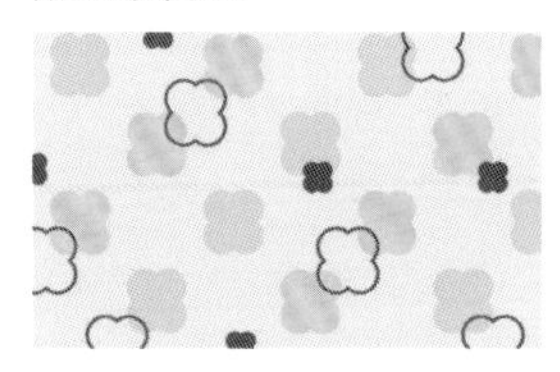

主色

PURPLE 紫

购物礼券

近似于粉色的紫色看起来十分优雅，特别适合比较高档的购物礼券特辑。整体统一使用浅粉色与紫色，能够打造出不落俗套的高雅氛围。

色彩平衡 ///

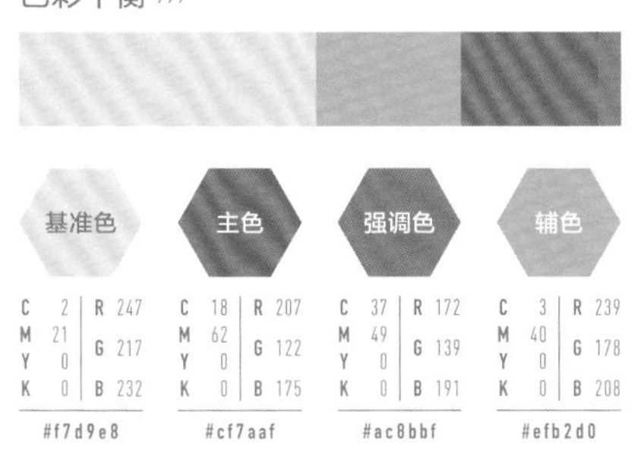

配色示例 ///

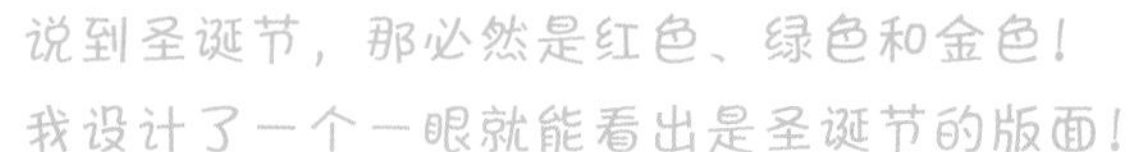

说到圣诞节，那必然是红色、绿色和金色！
我设计了一个一眼就能看出是圣诞节的版面！

客户需求备忘录

- 希望是一个洋溢着圣诞氛围、令人充满期待的设计。
- 想要圣诞色彩非常鲜明的视觉效果，放在那里看起来就像明信片一样。

虽然打造出了圣诞的氛围，
但是过于杂乱，看起来很沉闷。

NG

旧

色彩与装饰繁杂，看起来很沉闷

问题1

描边的字体太多，看起来很凌乱。而且标题还使用了3种色彩，给人感觉十分繁杂。

问题2

使用了太多暗色渐变与阴影效果，使整体的氛围很沉闷。

问题3

配色全部由接近纯色的红色、绿色和黄色构成，会产生晕影效果，令人眼花缭乱。

问题4

将文字置于图案或插图上不易于阅读，会导致完全看不进去内容。

我以为只要使用最常用的圣诞色彩，
就不会出错……

痛点1 描边的字体太多

使用太多描边的字体会给人一种繁杂且俗气的感觉。

装饰沉闷

暗色渐变看起来很沉重，使用了太多阴影效果。

晕影效果

明度差较低的高饱和度色彩搭配在一起，容易让人看不清楚内容。

详细信息的装饰太乱

装饰详细信息的背景太乱，导致看不清文字内容。

具有明度差，突显圣诞色彩

优化1

基准色使用了明度较高的奶油色，因此红色起到了很好的强调作用。偏橙色的红色看起来十分柔和。

优化2

即使只用简单的单色，只要加上圣诞的图案并给字体加一些动态，也能制作出可以吸引人注意力的标题。

优化3

红色与绿色作为最常用的圣诞色彩，只需要稍稍降低饱和度，就能变成沉稳的色彩。在红绿之间加入米色，可以起到突显红色与绿色的作用。

优化4

详细信息的背景使用简单的单色对话框，这不仅可以成为设计中的一个亮点，还能准确地传达信息。

只在关键处使用以突显圣诞色彩，更便于体现圣诞氛围。

以圣诞节为主题也不必大面积使用“绿色”或“红色”，只在关键处使用便足以营造出圣诞氛围了。再根据配色加入能令人联想到圣诞节的图案或图画，有助于更好地体现圣诞氛围。

不只有红色和绿色！

圣诞节的不同配色

1

核心色 /// GRAY 灰

银白色的世界

使用浅灰色作为基准色，不仅能令人联想到美丽的银白色世界，同时还能突显白色与红色的美，打造出令男女都很喜爱的配色。

色彩平衡 ///

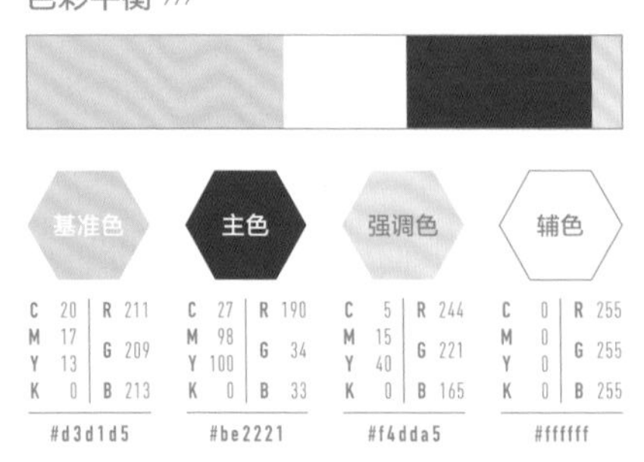

	基准色	主色	强调色	辅色
C	20	27	5	0
M	17	98	15	0
Y	13	100	40	0
K	0	0	0	0
R	211	190	244	255
G	209	34	221	255
B	213	33	165	255
	#d3d1d5	#be2221	#f4dda5	#ffffff

配色示例 ///

2

核心色 /// BLACK 黑

东欧的圣诞礼物

以黑中带蓝的昏暗黑色为基准色，统一使用饱和度较低的色彩，可以打造出一个像捷克的玩具一样温馨的圣诞之夜氛围。

色彩平衡 ///

	基准色	主色	强调色	辅色
C	80	70	25	22
M	80	45	81	28
Y	70	71	95	58
K	50	0	0	0
R	46	94	195	208
G	40	124	79	184
B	46	93	36	119
	#2e282e	#5e7c5d	#c34f24	#d0b877

配色示例 ///

不使用红色和绿色也可以表现圣诞节主题。
试试创作各种不同风格的圣诞节吧。

3

核心色 /// PINK 粉
柔和的北欧风格

偏蓝的微暗粉色与烟蓝色这两个色彩搭配在一起，可以打造出令人联想到冬日景色的柔和的北欧风格。

色彩平衡 ///

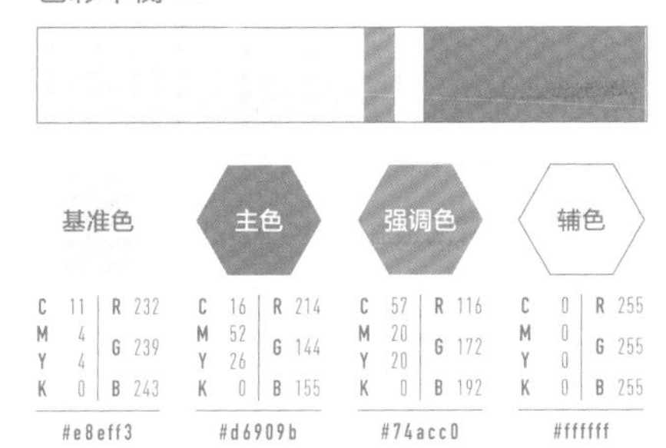

	基准色	主色	强调色	辅色
C	11	16	57	0
M	4	52	20	0
Y	4	26	20	0
K	0	0	0	0
R	232	214	116	255
G	239	144	172	255
B	243	155	192	255
	#e8eff3	#d6909b	#74acc0	#ffffff

配色示例 ///

4

核心色 /// GOLD 金
清雅的圣诞之夜

只由金色与银色构成的配色非常适合圣诞之夜主题，可以打造出优雅恬静的氛围。字体颜色也要使用灰色。

色彩平衡 ///

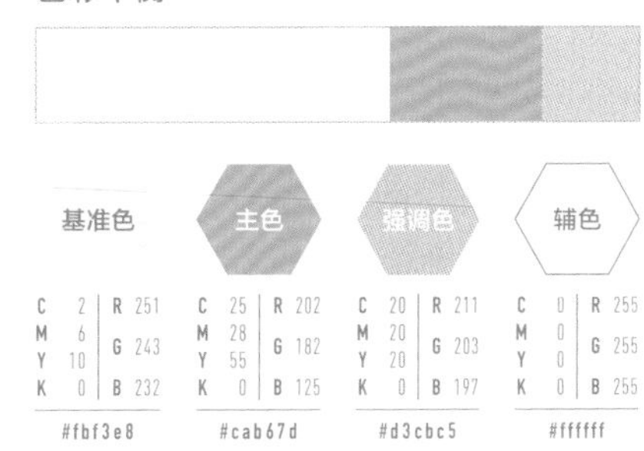

	基准色	主色	强调色	辅色
C	2	25	20	0
M	6	28	20	0
Y	10	55	20	0
K	0	0	0	0
R	251	202	211	255
G	243	182	203	255
B	232	125	197	255
	#fbf3e8	#cab67d	#d3cbc5	#ffffff

配色示例 ///

岩森亭の
おせち
【三段重】
厳選した食材を
三つ星料亭「宮森亭」料理長が
作り上げたこだわりのおせち。
一年の始まりを贅沢な
御馳走で迎えませんか？
ご予約開始 2023/12/27(水)まで
25,000円(税込)
【お渡し日】12月31日(日)
ご自宅まで
無料配送
承ります
便利な配送も
ご利用いただけます！
※配送エリアは大阪市内限定。
ご注文はお電話またはFAXにて承ります。
全50品目
岩森亭
0129-9987-07XX
店舗詳細はHPをCHECK
旧
NG

我使用了金、黑、红这三种很符合正月风格的色彩，
可究竟怎样才能呈现出高级感呢？

客户需求备忘录

- 是使用了大量奢华食材的豪华年节菜。
- 希望呈现出具有正月特色的日式华丽风格，以及米其林三星高级餐厅特有的高级感。

第6章 针对不同活动的设计

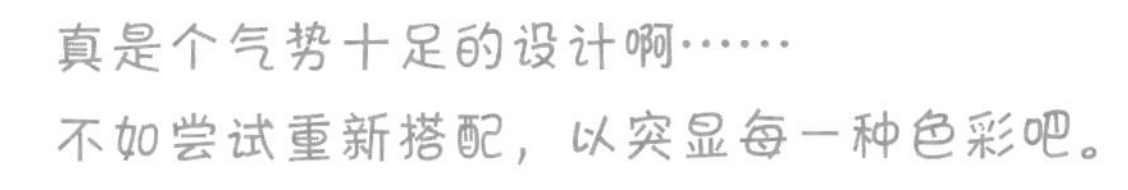

真是个气势十足的设计啊……
不如尝试重新搭配，以突显每一种色彩吧。

NG

旧

过于刺眼，缺乏高级感

问题1

文字和描边都在渐变效果的基础之上又添加了立体效果，看起来很有气势，却和高级感毫不沾边。

问题2

红色的背景色配上黑色的文字不易于阅读，而且字体还使用了线条比较细的宋体，所以几乎看不清写了什么。

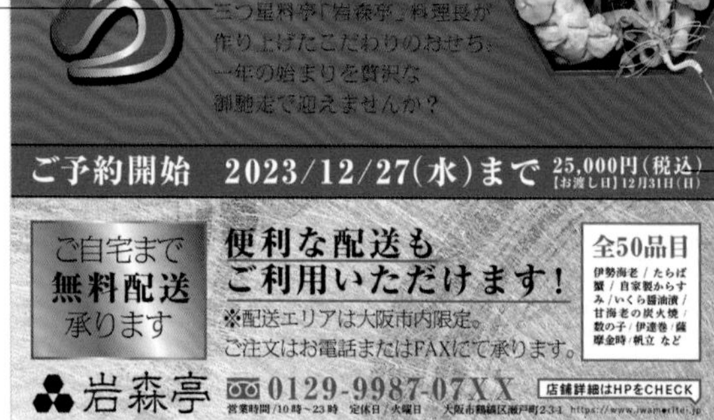

问题3

黑色到红色的渐变营造出了一种沉重的感觉，给人的印象完全无法与大吉大利的新年联系到一起。

问题4

使用了与背景里的渐变色色调不一致的高饱和度红色，看起来很不协调。

即便使用相同的色彩，只要使用的地方或色调不同，看起来便会完全不同啊……

痛点1 渐变过多

文字和描边都使用渐变，看起来很繁杂。

痛点2 不便于阅读

红底黑字，字体还使用了宋体，很难看清内容。

痛点3 色彩与印象不符

色彩很沉重，与大吉大利的正月给人的印象不符。

痛点4 色调不同

背景与装饰的色调不同，看起来很不协调。

高雅且彰显了各个色彩

优化1

简单的黑色文字搭配白色背景，与周围的留白及背景色所产生的对比，自然而然地突显了文字。

优化2

使用与背景和照片色调一致的暗红色，在不破坏整体氛围的前提下，不着痕迹地起到了强调的作用。

优化3

在重要信息下面垫上红色渐变的六边形以突出文字内容，这样不仅看起来张弛有度，还是一个非常巧妙的设计。

优化4

只在想让人仔细阅读的店铺信息部分使用金色，来吸引人们的注意力。低饱和度的金色可以呈现出别致又高级的效果。

配色要点！

过多地使用渐变看起来很繁杂，所以NG。
如果需要在文字上使用渐变，推荐只在关键部分使用！

修改前

↓

修改后

不仅文字本身使用渐变，连文字的描边也使用渐变，这样呈现出来的效果会非常刺眼，与想要的高级感相去甚远。控制渐变的数量并使用对比度比较弱的渐变，可以恰到好处地起到强调的作用。

符合想要呈现的印象的

不同关键色的配色效果

1

核心色 /// IRON NAVY 铁蓝

传统又雅趣的印象

蓝色在日本的战国时代是象征着胜利的吉祥色彩。尤其是偏绿的暗蓝色（铁绀色），使用后可以呈现出老字号品牌充满传统气息的雅趣。

色彩平衡 ///

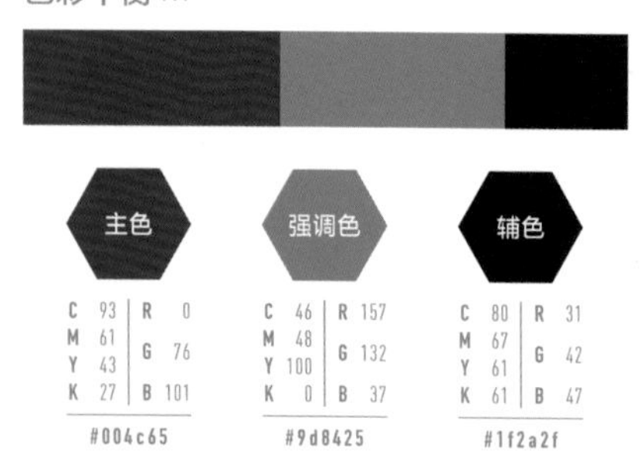

	主色	强调色	辅色
C	93	46	80
M	61	48	67
Y	43	100	61
K	27	0	61
R	0	157	31
G	76	132	42
B	101	37	47
HEX	#004c65	#9d8425	#1f2a2f

配色示例 ///

2

核心色 /// MILKY WHITE 奶白

摩登又高雅的印象

使用大量的乳白色可以打造出高雅的气氛。强调色使用饱和度较低的红色，收缩色使用深蓝色，能营造出富有现代气息的风雅印象。

色彩平衡 ///

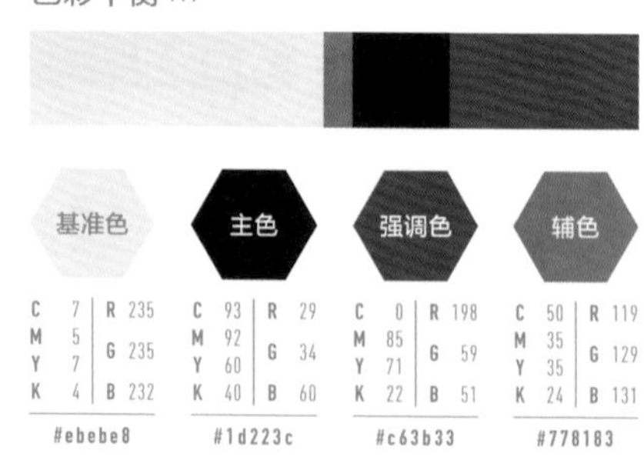

	基准色	主色	强调色	辅色
C	7	93	0	50
M	5	92	85	35
Y	7	60	71	35
K	4	40	22	24
R	235	29	198	119
G	235	34	59	129
B	232	60	51	131
HEX	#ebebe8	#1d223c	#c63b33	#778183

配色示例 ///

为大家介绍一些适合正月的
吉祥的日式配色

3

核心色 /// BLACK 黑
高档优质的印象

具有消极印象的黑色与高贵的金色搭配在一起，可以打造出很有威严的高级感。与朱红色搭配在一起也非常协调。

色彩平衡 ///

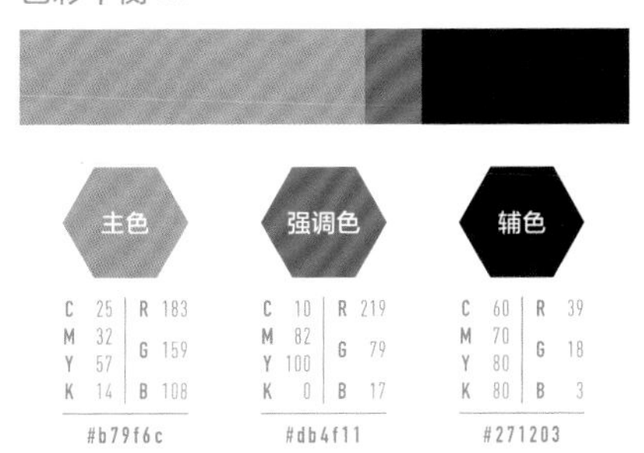

	主色	强调色	辅色
C	25	10	60
M	32	82	70
Y	57	100	80
K	14	0	80
R	183	219	39
G	159	79	18
B	108	17	3
	#b79f6c	#db4f11	#271203

配色示例 ///

4

核心色 /// GOLD 金
豪华绚丽的印象

背景也使用金色，金色占比较大比例可以营造出豪华绚丽的印象。在需要突出商品的与众不同时，建议使用这个配色。

色彩平衡 ///

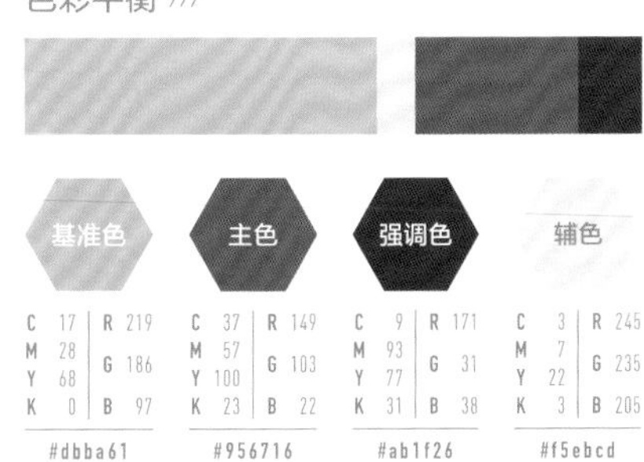

	基准色	主色	强调色	辅色
C	17	37	9	3
M	28	57	93	7
Y	68	100	77	22
K	0	23	31	3
R	219	149	171	245
G	186	103	31	235
B	97	22	38	205
	#dbba61	#956716	#ab1f26	#f5ebcd

配色示例 ///

“内容一目了然的注重季节感的配色！”

例行活动相关的宣传 = 富有季节感的配色

色彩具有令人联想到季节的能力。在制作有关每年的例行活动的宣传广告时，配色需要特别重视季节感。要注意选择符合活动内容并且能体现季节的色彩，制作出内容一目了然的设计。

要点

每年的例行活动都会根据季节不同而有所变化。服装公司、零食生产厂商、百货店等各个行业都会配合活动开发新产品或举办促销活动。

像NG示例那样**忽略宣传内容选择毫无目的性的配色，是无法迅速且准确地传达信息的。**OK示例只要看一眼便很容易看出其中蕴含的“春天了！要开始新生活！”的深意吧？这是因为OK示例的**配色考虑到了季节**。冬天结束，气候温暖舒适的春天到了，花花草草都发出了新芽，樱花也盛开了。**在配色里加入大自然中已有的色彩（黄绿、粉色等），便能瞬间打造出春天特有的氛围了。**

色彩还具有能令人感受到温度的能力，因此温暖的季节多使用暖色系，寒冷的季节多使用冷色系。还可以尝试利用符合自然界动态的配色来表现季节。

\ 具有季节感的配色示例 /

第7章

刺激购买欲的设计

为了吸引人们的注意力，我加强了色彩的对比，结果看起来好像太正经了。

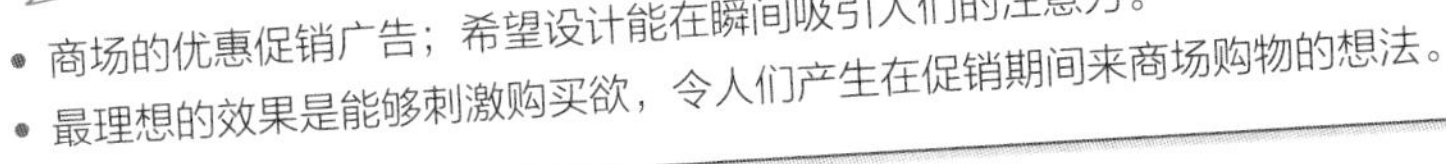

- 商场的优惠促销广告；希望设计能在瞬间吸引人们的注意力。
- 最理想的效果是能够刺激购买欲，令人们产生在促销期间来商场购物的想法。

能否瞬间打动人的内心，于横幅广告而言十分重要！
试着去思考一下什么样的色彩能激发人们的购买欲吧。

NG

旧

沉静色给人平静的感觉

问题1

沉静色中的蓝色具有令人内心平静的作用，不适合用于需要提高购买欲的广告。

问题2

黑色横条太宽，给人一种沉重的印象。字体也使用了强弱对比明显的衬线字体，导致文字比较细的部分看起来模糊不清。

问题3

细腻的紫色与纤细的衬线字体搭配在一起，有一种纤弱、虚幻的感觉。用在需要在瞬间吸引住人们目光的广告上显得过于单薄了。

问题4

尖锐的锯齿状装饰能够有效体现出气势与压迫感，但是与色彩本身给人的印象不符。

色彩带来的心理效果这么厉害啊！
我还以为只要设计本身有足够的视觉冲击力就可以了……

痛点1 只使用沉静色

促销广告不能只使用沉静色。

痛点2 收缩色显得沉重

收缩色的使用面积太大，整体给人一种沉重的印象。

痛点3 色彩与意图不符

色彩和字体都太单薄了，难以激发购买欲。

痛点4 色彩与装饰不搭

色彩与气势十足的装饰图案不搭。

OK

兴奋色激发购买欲

优化1

说到能提升购买欲与激情的色彩，当属红色了。蓝色与偏橙色的红色搭配在一起非常协调，是可以在瞬间吸引人们注意力的配色组合。

优化2

收缩色使用蓝色，可以加强企业的信赖感。文字重叠在一起打造出立体效果，可以提高对人的吸引力。

优化3

辅色使用与基准色同色系的色彩，可以在不干扰主要信息的同时，加强广告内容给人留下的印象。

优化4

信息量较小的横幅广告，可以使用一些小图案来修饰，从而加强需要表达的信息内容。

需要刺激购买欲的时候，
可以选择充分利用红色或橙色等兴奋色的配色。

修改前

修改后

对于横幅广告来说，最重要的是如何才能迅速传递信息以达到揽客的目的。红色又被称作“购买色”，是拥有高能量的色彩，因此具有能够瞬间打动人心的能力。我们应当充分利用色彩带来的心理效果，制作出宣传效果极佳的广告。

符合季节特点的

不同色彩的配色效果

1 核心色 PINK 粉

///

春

偏红的粉色与黄绿色搭配在一起，可以打造出富有春天气息的配色。而且粉色与黄绿色都是能给人带来幸福感的色彩，具有能令心态变得轻松和积极向上的效果。

色彩平衡 ///

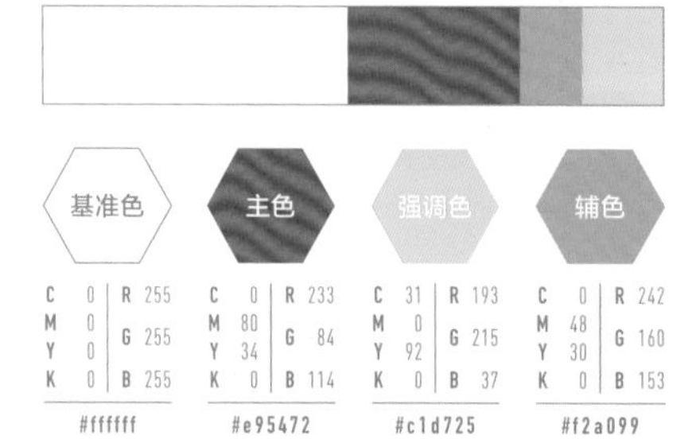

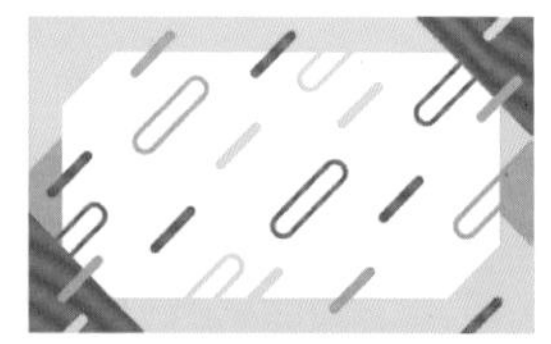

2 核心色 ORANGE 橙

///

夏

较深的橙色搭配清爽亮眼的浅蓝色，这个清爽感十足的配色最适合夏天了。还可以再搭配一些具有动态感的装饰，以演绎出夏天的跃动感。

色彩平衡 ///

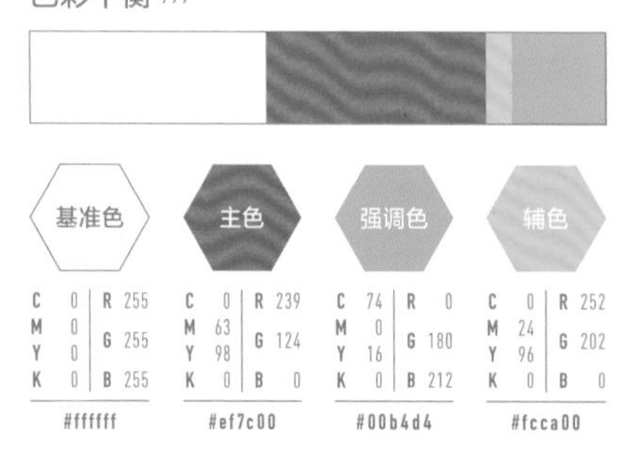

配色示例 ///

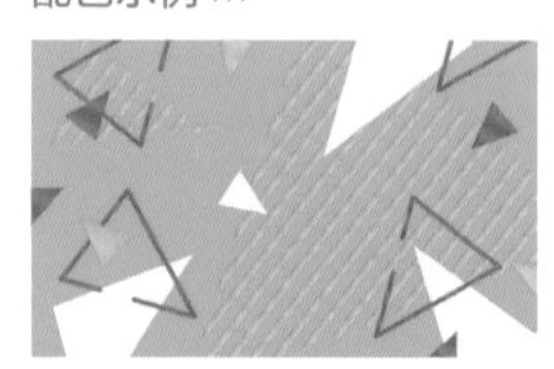

来看看配合广告推出的时机，
充分利用购买色的配色示例吧。

3 核心色 WINE RED 酒红

///

秋

犹如成熟果实般的酒红色，是最适合表现秋天的色彩。强调色使用偏红的黄色来演绎收获之秋，刺激人们对物质的渴望。

色彩平衡 ///

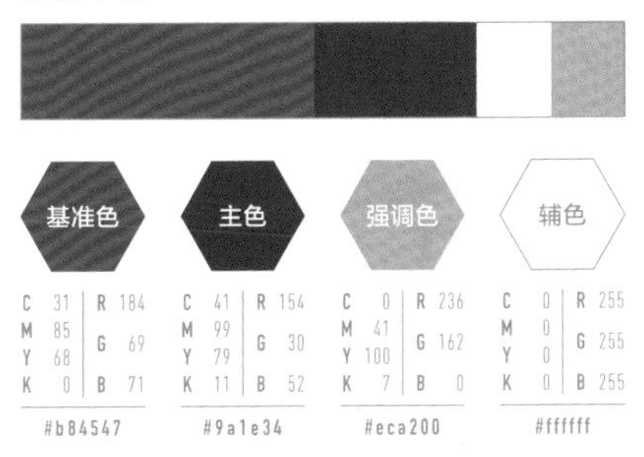

	基准色	主色	强调色	辅色
C	31	41	0	0
M	85	99	41	0
Y	68	79	100	0
K	0	11	7	0
R	184	154	236	255
G	69	30	162	255
B	71	52	0	255
	#b84547	#9a1e34	#eca200	#ffffff

配色示例 ///

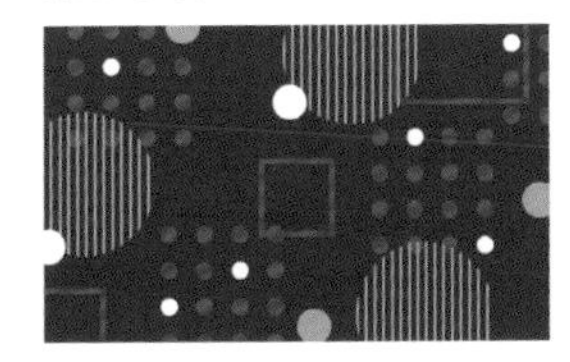

4 核心色 DEEP RED 深红

///

冬

在金红色中混入少许黑色形成的暗红色，搭配上金色和黑色，是新年里最常见的配色。这个配色非常吉祥且充满活力，让人看了便想立刻来一场新年大采购。

色彩平衡 ///

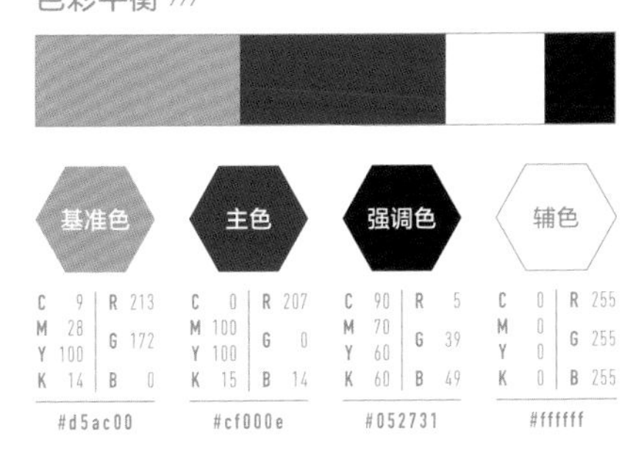

	基准色	主色	强调色	辅色
C	9	0	90	0
M	28	100	70	0
Y	100	100	60	0
K	14	15	60	0
R	213	207	5	255
G	172	0	39	255
B	0	14	49	255
	#d5ac00	#cf000e	#052731	#ffffff

配色示例 ///

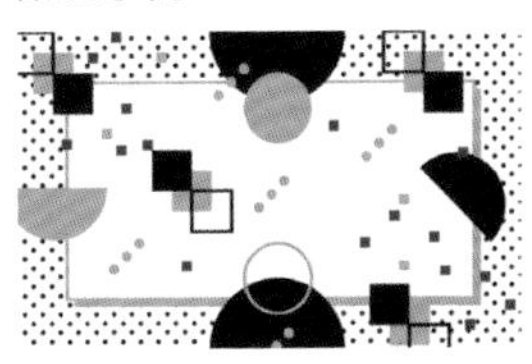

室内装饰店铺的商品目录

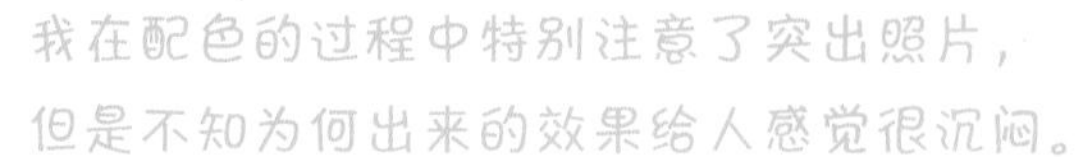

客户需求备忘录

- 商品均采用了简约的设计与优质的材料。
- 商品的卖点是自由开放与干净整洁，放在任何房间都能与房间融为一体。

新 OK

你这个设计看起来很死板啊……
不妨思考一下什么色彩能体现出空间很大吧。

NG

旧

背景色过于沉重，看起来很狭窄。

问题1

看得出来上面使用暗色是为了突出标题，但是使用的色彩过于沉重，与照片中的明亮空间不符。

问题2

照片与背景色的明度差过大，给人一种照片被封闭起来的感觉，而且还产生了一种压迫感，使空间看起来非常狭小。

问题3

详细信息制作成表格太过死板，很像商品目录。

问题4

照片全是矩形而且尺寸也一样，毫无动态感，整个版面看起来很无趣。

原来色彩还关系到体现空间的大小啊……
我以为只要突出照片就可以了。

※ “跳跃率”指在布局时同类元素之间的大小比例。

痛点1 色彩沉重

昏暗的深色营造出了沉闷的氛围。

痛点2 配色显得空间狭窄

色彩与照片的明度差过大会导致空间看起来很狭窄。

痛点3 表格死板

文字信息制作成表格会给人一种非常商业化的印象。

痛点4 跳跃率※低

照片的尺寸没有强弱对比，看起来十分单调。

OK

新

空间宽广，有开阔感

优化1

色彩数量较少，但是在文字排版上花了心思。整个设计看起来很吸引人。

优化2

基准色选择与照片色调一致的色彩，以模糊分界线，打造出空间延展开来的效果。

优化3

只要注意分组，不需要用线条分割制成表格，也能打造出便于阅读和传达信息的版式。

优化4

将照片分为主照片与副照片，大幅度改变照片的尺寸，可以为整个版面增添轻盈的动态感。

照片与背景的色调一致，
会产生一种随性的感觉，空间看起来也更大了。

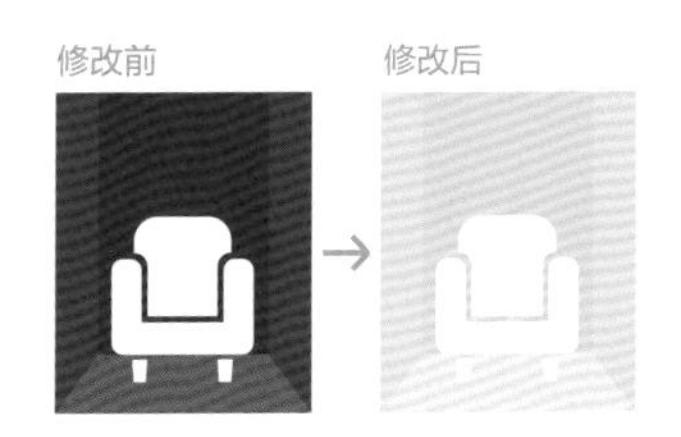

对于信息量较大的商品目录，最重要的是根据商品理念充分利用照片。想要通过版面去体现空间的宽广时，建议让基准色与照片的色调保持一致。

符合商品理念的

不同色彩的配色效果

1 核心色 BEIGE 米色

///

有温暖的光芒照进来的空间

整体使用偏黄的米色与浅棕色，能够呈现出有温暖的光芒照射进来的舒适空间。希望设计不要太有个性，更适合多数人的时候，推荐使用这个配色。

色彩平衡 ///

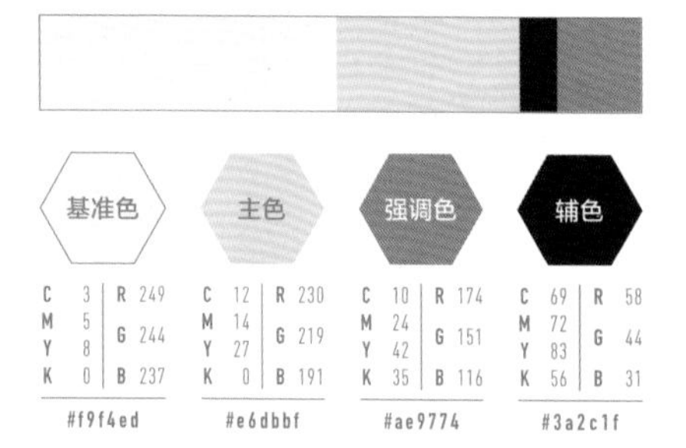

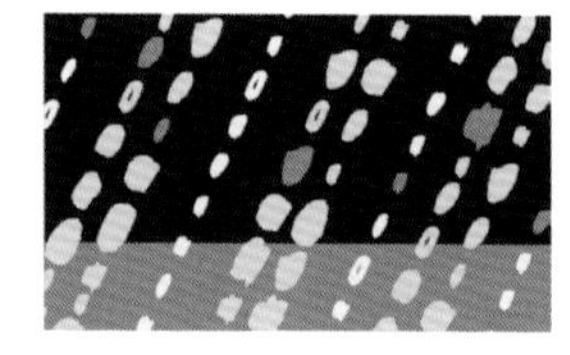

2 核心色 STEEL GRAY 青灰

///

优雅时尚的空间

主色使用灰中带紫的灰色（青灰色），可以制作出成熟又沉稳的优雅版面。再配上明亮色调的基准色，就能搭配出男性和女性都很喜爱的配色。

色彩平衡 ///

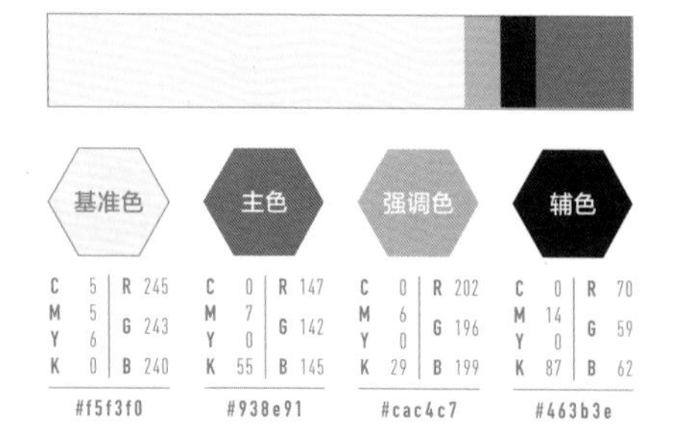

配色示例 ///

配色时充分利用以理想生活空间为灵感的照片，
从而引起目标人群的兴趣。

3 核心色 PEACH 桃色

///

柔软雅致的空间

以偏黄的粉色为主色，统一使用暖色系的色彩，可以打造出柔软又细腻的空间。这个配色可以提升幸福感，对考虑和家人或恋人开始新生活的潜在客户很有吸引力。

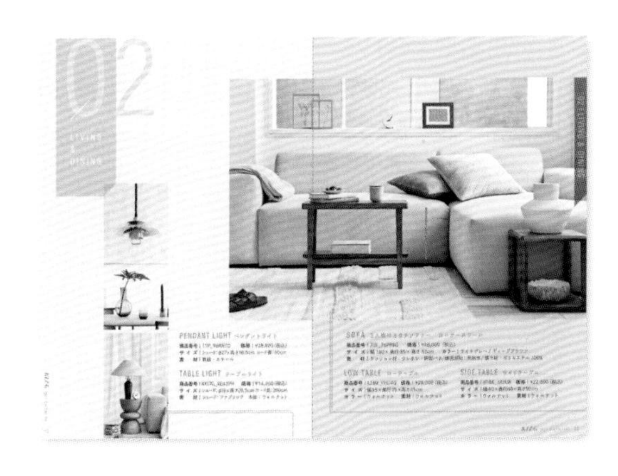

色彩平衡 ///

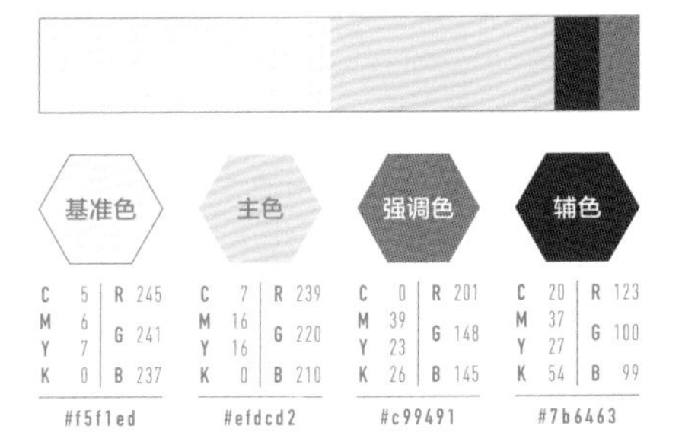

	基准色	主色	强调色	辅色
C	5	7	0	20
M	6	16	39	37
Y	7	16	23	27
K	0	0	26	54
R	245	239	201	123
G	241	220	148	100
B	237	210	145	99
	#f5f1ed	#efdcd2	#c99491	#7b6463

配色示例 ///

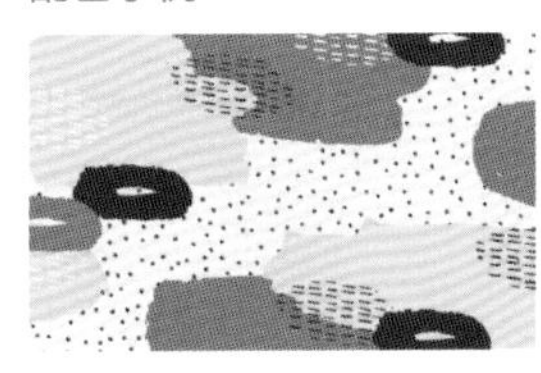

4 核心色 SMOKY PUPPLE 烟紫

///

安稳优雅的空间

明亮的烟紫色最适合打造富有神秘感的优雅空间，还可以打动那些正在考虑过上闲适生活的人们。

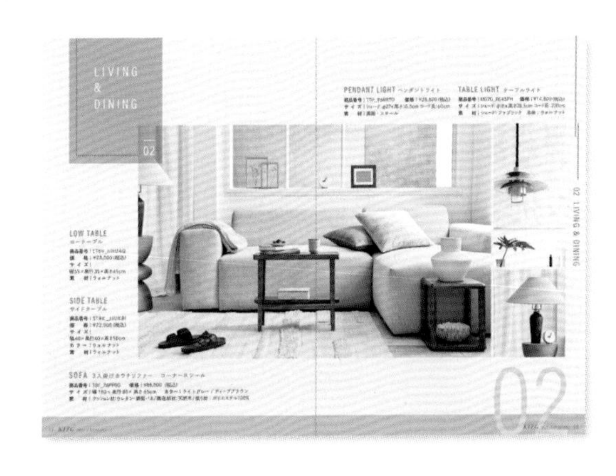

色彩平衡 ///

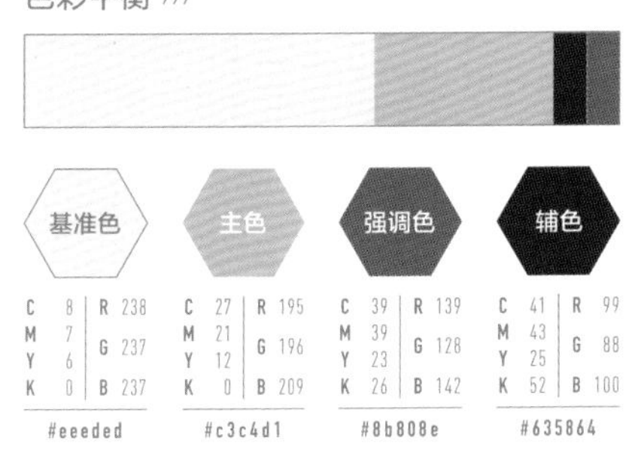

	基准色	主色	强调色	辅色
C	8	27	39	41
M	7	21	39	43
Y	6	12	23	25
K	0	0	26	52
R	238	195	139	99
G	237	196	128	88
B	237	209	142	100
	#eeeded	#c3c4d1	#8b808e	#635864

配色示例 ///

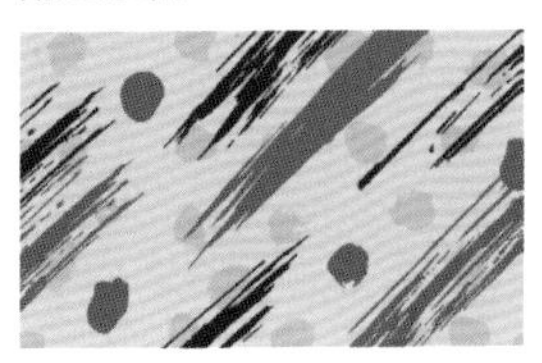

汉堡包的新品宣传海报

数量限定
史上最高厚
肉厚
パティ
2倍量
ベーコンレタス
バーガー
8/12
～
肉汁こぼれる、、
※写真はイメージです
HOME FRESH BURGER
www.homefreshburger.jp
HOME FRESH
BURGER
FOR HAPPY LIFE
旧
NG

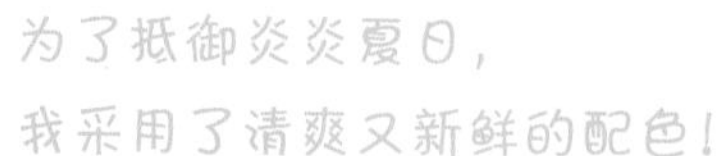
为了抵御炎炎夏日，
我采用了清爽又新鲜的配色！

客户需求备忘录

- 补充能量，抵御炎炎夏日！分量十足的新产品。
- 希望打造出富有冲击力的视觉效果，让人从中可以深深感受到肉质之鲜美。

哎呀，先别顾着表现夏日氛围了，
配色首先要体现出产品有多美味才行啊……

NG

旧

蓝色的印象太强烈导致食欲减退

问题1

蓝色不存在于自然的食材之中，是一种看了会导致食欲减退的色彩。蓝色同时还具有令人心情平静的作用，因此难以促使人们冲动购物。

问题2

在不需要突出其内容的地方，不宜使用醒目的黄色。

问题3

字号很大，字体的颜色却很暗淡，导致最关键的广告语无法迅速跃入眼帘。

问题4

文案的本意是为了突显照片的临场感，可实际效果看起来却像是为了填充空白部分而硬加进去似的，白费了一番心思。

原来色彩还能影响人的五感……
配色时应当重视哪些因素呢？

痛点1 让人食欲减退的配色

食物的海报上不能大面积使用蓝色。

痛点2 次要信息使用醒目色

不是很重要的信息不宜使用醒目色。

痛点3 字体颜色暗淡

字体的颜色看起来很暗淡，重要的广告文案不够醒目。

痛点4 广告文案看起来死气沉沉

从字体的排版来看，无法感受到其意图，白费了一番心思。

OK

新

暖色与临场感增进食欲

优化1

配色以红色为主，统一使用暖色系的色彩，可以刺激大脑的饥饿中枢以达到增进食欲的效果。

优化2

在产品的背景中加入超大号的广告文案，这让整个排版充满了能量，打造出了富有视觉冲击力与刺激性的效果。（强烈推荐）

优化3

文字使用红色，背景装饰使用黄色，这个配色达到了双倍醒目的效果。

优化4

广告文案的意思与排版相辅相成，突显了肉的美味。仅此一处使用了宋体也是一个关键点。

配色要点！

修改前

おいしいごはん

修改后

おいしいごはん

食欲与色彩之间有着紧密的联系，想象一下食品与调味料的色彩吧。

“红色、黄色、绿色、白色、黑色”是构成食品和饭菜的主要色彩，以这5种色彩为基础便可以打造出影响食欲的配色。需要打造增进食欲的效果时使用暖色系，因减肥等目的需要降低食欲的效果时则使用冷色系。

符合需要展示的内容的

不同关键色的配色效果

1

核心色 /// BLACK 黑

分量十足的厚实感

以黑色为基调，搭配金色与低饱和度的红色，呈现出了食物分量十足的厚实感。超强的存在感令人不禁对其分量之大充满了期待。

色彩平衡 ///

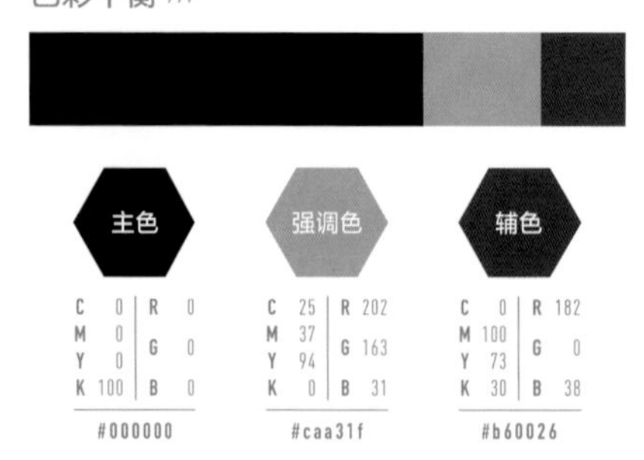

配色示例 ///

2

核心色 /// RED 红

补充体力的高卡路里食物

整体围绕着充满能量的红色进行配色，使人联想到吃了可以补充体力而且分量十足的食物。

色彩平衡 ///

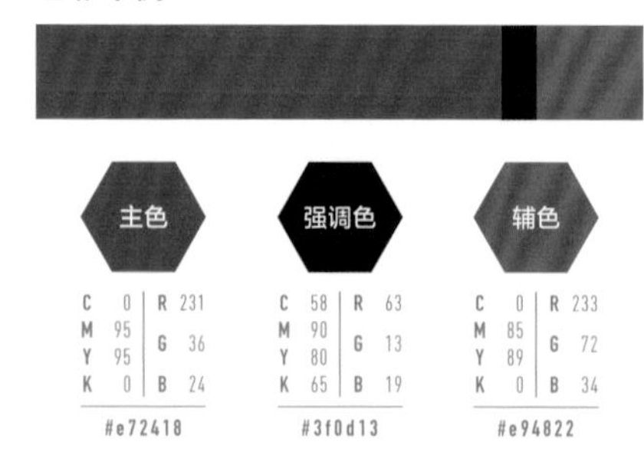

配色示例 ///

来看看以能体现美味程度的色彩为基础，
符合需要强调的内容的配色示例吧。

3

核心色 /// ORANGE 橙

限时的实惠感

用高饱和度的橙色与金色制作渐变，从而打造出特殊的感觉，给人留下只有现在才能吃到的非常实惠的印象。

色彩平衡 ///

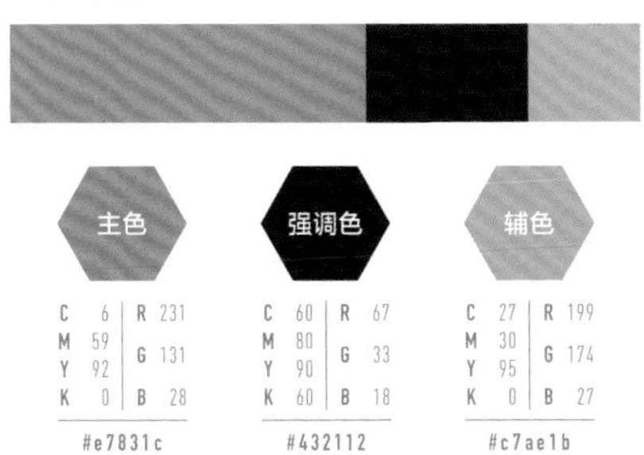

配色示例 ///

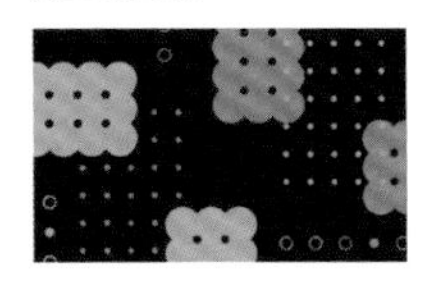

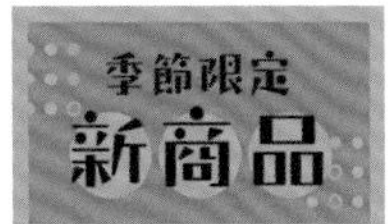

4

核心色 /// BROWN 棕

真正的肉质鲜美

给人沉稳印象的深棕色，最适合用来表现肉质的正宗和鲜美。这个配色的诀窍在于整体故意使用低饱和度的色彩。

色彩平衡 ///

配色示例 ///

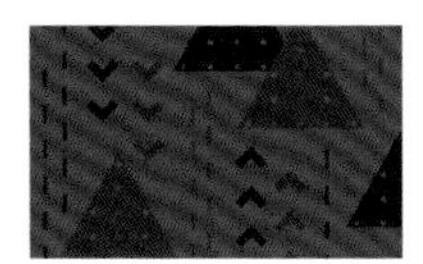

“配色时应注意最大限度地利用色彩本身具有的意义。”

旧

新

激发购买欲
=使用刺激色

进行优惠广告和限时促销等用于激发购买欲的宣传设计时，应使用刺激色红色与醒目色黄色。配色时充分考虑到色彩本身具有的效果和信息十分重要。

了解色彩本身给人的印象与效果，用起来会更加得心应手！

要点

每种色彩都具有不同的效果。例如，像上文示例那种需要刺激购买欲的宣传，NG示例之所以不通过，是因为柔和的色彩无法瞬间触动人内心的欲望。

除此之外，**蓝色和绿色还具有令人内心平静的效果，在需要促使人们冲动购物的时候会起到反作用**。

与之相比，OK示例以**刺激色红色**为主色，搭配**醒目色黄色**，具有刺激购买欲的效果。而且高饱和度的鲜明色调富有视觉冲击力，可以引起人的兴趣，给人留下深刻的印象。

色彩本身具有的效果各有不同。要争取做到**在了解色彩本身具有的意义与信息的基础上，搭配出更加有效的配色，从而创作出宣传效果出众的设计。**

\ 色彩本身给人的印象 /

白色 —— 洁净·纯粹·神圣·真实
效果：给人洁净的印象

黑色 —— 威严·厚重·高级
效果：令人感到强大，给人感觉很厚重

棕色 —— 坚实·传统·历史·放心
效果：缓和紧张情绪，令人感到放心

红色 —— 热情·兴奋·刺激·活力
效果：情绪高涨，给人刺激感

橙色 —— 开朗·活泼·温暖
效果：给人亲切感，提高同伴意识

黄色 —— 活力·希望·醒目·警告
效果：给人带来希望，提高判断力

绿色 —— 治愈·平静·和谐·安稳
效果：治愈心灵，令人放松

蓝色 —— 知性·诚实·爽快
效果：给人诚实的感觉，提高注意力

紫色 —— 优雅·神秘·高贵
效果：刺激艺术方面的感性

粉色 —— 幸福·爱情·可爱
效果：带给人幸福感，能感受到爱情

第 8 章

商务设计

BUSINESS COLOR 商务场合使用的配色示例

Always challenging
「自分の人生を楽しむ」力を
持っている人を探してます
interview
関西エリアマネージャー 瀬南 ちな
ここでは母でもなく、女性でもなく
「瀬南 ちな」として存在できる
入社
10年目
エリア
マネージャー
女性でも
母でも挑戦
できる環境
現在
33歳
目標は
売上1位
2児の
ワーママ
趣味
ヨガ
ピラティス
入社
8年目
チーフ
マーケティング
オフィサー
interview
チーフマーケティングオフィサー
六堂 関
残業なんてしたことない
目標は、
世界に
我が社を
現在
39歳
やり甲斐
こそが
生き甲斐
趣味
育児
4児の
パパ
人生を楽しむ
＝仕事を楽しむ
10年ぶりの中途採用
大規模募集START!
ワンランク上の世界へ挑戦して
みませんか？あなたの挑戦を楽
しみにしています。
LOGY LET'S
TEL 098-9876-00XX
旧
NG

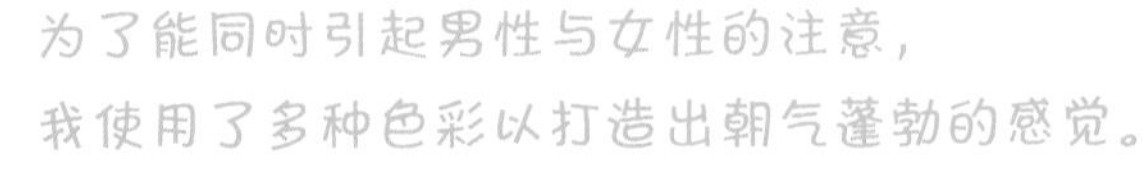
为了能同时引起男性与女性的注意，
我使用了多种色彩以打造出朝气蓬勃的感觉。

客户需求备忘录

- 非应届生招聘广告；寻求充满活力的新鲜人才。
- 企业的代表色是青色与黄色；希望能让人迅速了解这是一家优质企业。

色彩过多，
导致企业的代表色给人留下的印象很淡薄。

NG 旧

用色过多导致企业形象淡薄

问题1

除了青色和黄色这两个企业的代表色，还使用了许多其他色彩，导致企业形象比较淡薄。

问题2

男女使用不同的色彩划分没有问题，但是粉色和橙色与整体的色调不搭，看起来过分突出。

问题3

需要传达的信息不够醒目，完全没能体现出所寻求的人才画像。

问题4

收缩色使用棕色、字体使用圆形字体，这样虽然能够打造出柔和的氛围，但是无法体现企业的知性与诚信。

我本以为使用多种色彩看起来会朝气蓬勃，没想到这样无法树立起企业的形象啊……

痛点1 用色过多

色彩数量过多导致企业形象淡薄。

痛点2 色彩不明确

色彩的搭配不协调，有一部分看起来很突兀。

痛点3 信息识别性较差

没有用心设计版式，信息识别性较差。

痛点4 表现方式过于松散

色彩和字体都太柔和了，没有体现出企业的风格。

OK

鲜活的企业代表色

优化1

彩色的部分仅由企业代表色构成，看一眼便能大致了解企业的形象。

优化2

不仅使用色彩划分男女，还将边框线条融入设计当中，这样可以制作出简单易懂又像海报一样趣味性十足的版面。

优化3

需要准确传达信息的时候，推荐使用留白较多的版式，打造出只要放上文字就能引起人们注意的重点区域。

优化4

对详细信息中需要强调的部分使用色彩会很有效果。即使字号很小也能吸引人们的注意力。

制作用于宣传和展示企业的设计时，需要注意使用企业的代表色。

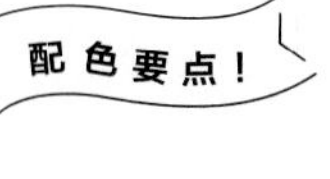

修改前

RECRUIT

↓

修改后

在制作招聘信息等需要重点表现企业形象的情况下，从企业的代表色入手可以令设计更加有效地传达出企业的理念及个性。在看到企业商标时脑海中能立刻浮现出企业形象，也与色彩有着很大的关系。

企业代表色带来的

不同配色的企业形象

1

核心色 /// YELLOW 黄

活跃又有气势的企业

黄色给人活泼、活跃和朝气蓬勃的印象，看一眼便很容易给人留下深刻的印象。照片特地改成了黑白照片，以进一步突显黄色。

色彩平衡 ///

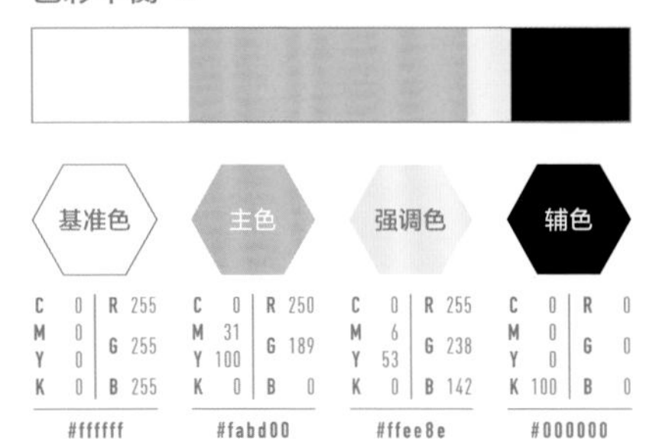

配色示例 ///

2

核心色 /// SMOKY GREEN 烟绿

循规蹈矩的传统老牌企业

有着治愈效果的绿色能令人感到平静与放心。尤其是饱和度较低的绿色，看起来非常安稳，是最适合用来表现老牌企业的色彩。

色彩平衡 ///

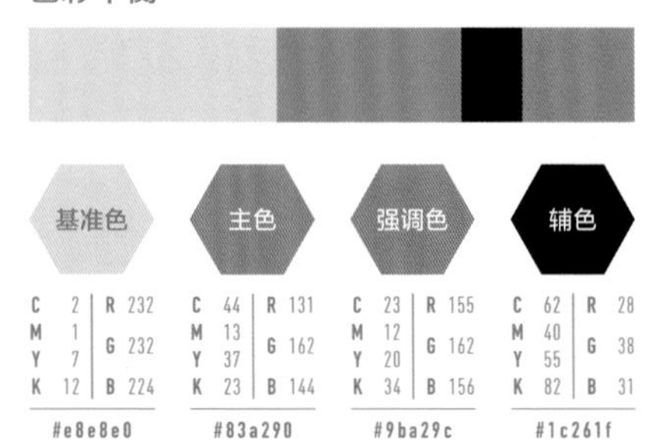

配色示例 ///

与企业商标使用的企业代表色
所具有的意义相符的配色和设计

3

核心色 /// TURQUOISE BLUE 土耳其蓝
值得信赖的诚信企业

需要体现信赖、洁净与诚信时，建议使用蓝色。再配上代表知性与好奇心的紫色作为强调色，便能打造出兼具灵活想象力的企业形象了。

色彩平衡 ///

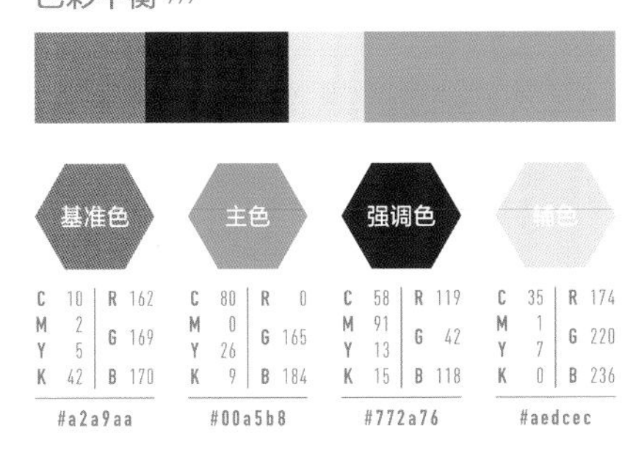

	基准色	主色	强调色	辅色
C	10	80	58	35
M	2	0	91	1
Y	5	26	13	7
K	42	9	15	0
R	162	0	119	174
G	169	165	42	220
B	170	184	118	236
	#a2a9aa	#00a5b8	#772a76	#aedcec

配色示例 ///

4

核心色 /// RED 红
热情又有竞争力的企业

能够煽动竞争心理的刺激色红色，最适合充满热情与能量的企业。红色还是日本企业使用频率最高的色彩。

色彩平衡 ///

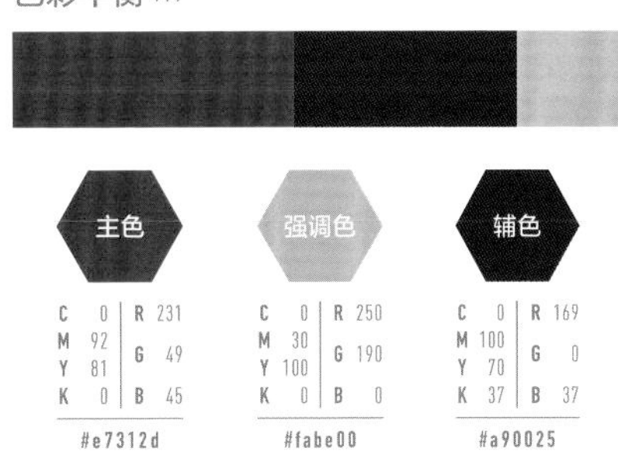

	主色	强调色	辅色
C	0	0	0
M	92	30	100
Y	81	100	70
K	0	0	37
R	231	250	169
G	49	190	0
B	45	0	37
	#e7312d	#fabe00	#a90025

配色示例 ///

为了吸引更多人的目光，我把海报设计得非常华丽，可为什么看起来乱七八糟的呢？

客户需求备忘录

- 私人健身房开业，主要面向下定决心要取得成果的人群。
- 想用优惠的会员套餐吸引更多的人加入。

彩虹色的渐变看起来太乱了。
不妨试试根据健身房的理念目标筛选色彩吧。

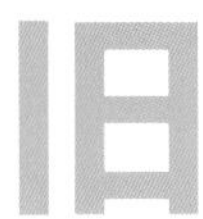

使用多种色彩导致难以获取信息

问题1
在不需要强调的地方加上了华丽的装饰，这会分散人的注意力。

问题2
设计缺乏动态，从中感受不到可以取得成果的跃动感与能量。

问题3
多色渐变看起来很累赘。虽然醒目，却看不出来想要表现或传达的内容。

问题4
整体使用的色彩数量太多，字体描边与阴影效果也过多，给人一种过时的印象。

我单纯地以为只要使用大量色彩让海报足够醒目就可以了……看来必须选择与想要表达的意图相符的色彩才行啊。

痛点1 装饰部分不协调

不要添加与信息的优先顺序无关的装饰。

版式单调，缺乏跃动感。

多色渐变看起来很累赘，看不出是什么用意。

色彩数量过多，还使用了太多的特效，给人一种过时的印象。

OK

新

双色渐变打造精力充沛的效果

优化 1

文字配合背景图案稍微倾斜一些。只有一小段文字倾斜，可以达到吸引人注意力的效果。

优化 2

仅在详细信息的关键部分使用主色，这样可以提高传达信息的速度。

优化 3

装饰部分也配合背景选择倾斜的样式，这样看起来会很有跃动感。照片的半透明效果也是设计中的一个关键点。

优化 4

渐变由两种橙色组成，能够建立起活力四射的印象，强化对想要取得成果的人群的宣传效果。

关键在于制作渐变时，
只使用与想要表现的印象相符的色彩！

修改前

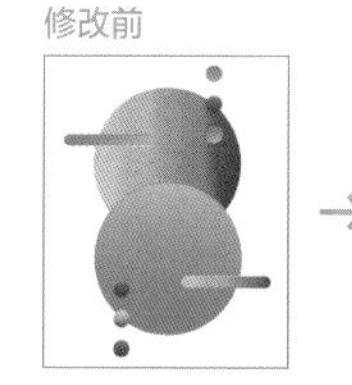

→

修改后

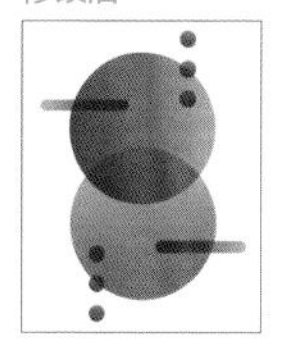

根据想要传达的信息或企业形象选择主色，并使用色彩数量较少的渐变，这样看起来会更有整体感，能够做到从视觉上传递信息。另外，使用半透明效果将两种渐变叠加在一起，可以产生空间非常深邃广阔的效果。

体现健身房特色的

不同关键色的配色效果

1 核心色 PINK 粉

///

面向女性的健身房

以打造女性特有的优美体形为主的健身房，最适合使用粉色与紫色的渐变。强调色使用代表活力的橙色，可以令整个版面显得更加华丽。

色彩平衡 ///

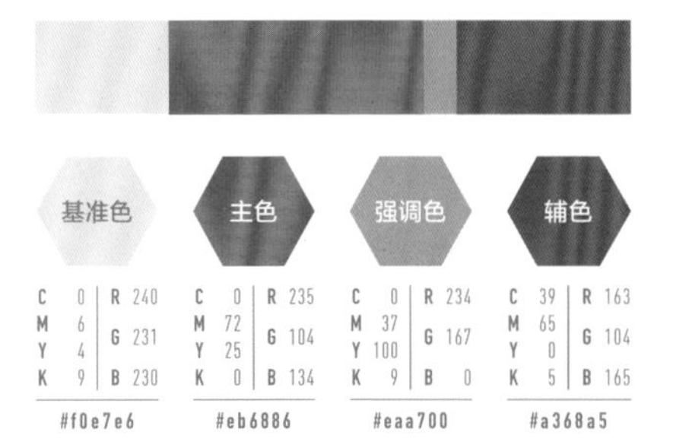

	基准色	主色	强调色	辅色
C	0	0	0	39
M	6	72	37	65
Y	4	25	100	0
K	9	0	9	5
R	240	235	234	163
G	231	104	167	104
B	230	134	0	165
	#f0e7e6	#eb6886	#eaa700	#a368a5

2 核心色 MINT BLUE 薄荷蓝

///

以保持健康为目的的健身房

主打保持健康与缓解压力等贴近日常生活健身课程的健身房，最适合使用清爽的薄荷蓝色，它与象征健康的黄绿色搭配在一起非常协调。

色彩平衡 ///

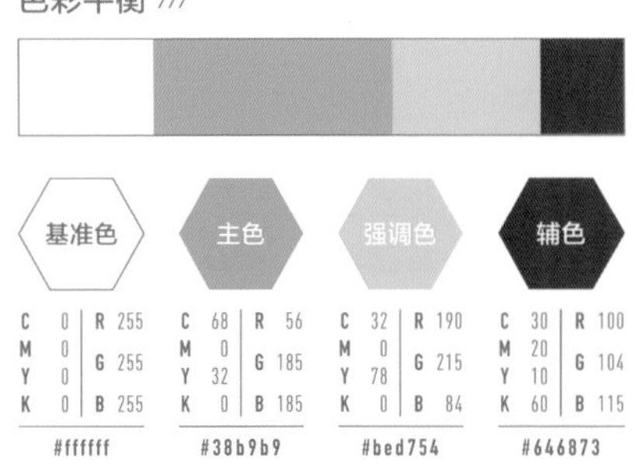

	基准色	主色	强调色	辅色
C	0	68	32	30
M	0	0	0	20
Y	0	32	78	10
K	0	0	0	60
R	255	56	190	100
G	255	185	215	104
B	255	185	84	115
	#ffffff	#38b9b9	#bed754	#646873

配色示例 ///

健身房也有各种不同的类型，
根据健身课程选择配色可以强化宣传效果。

3 核心色 NAVY 藏蓝

///

专门塑形的健身房

想要收紧松弛的身体线条，下定决心与过去的自己告别，面向这类人群的私人健身房，可以使用藏蓝色来体现愿意脚踏实地去努力的诚实态度。

色彩平衡 ///

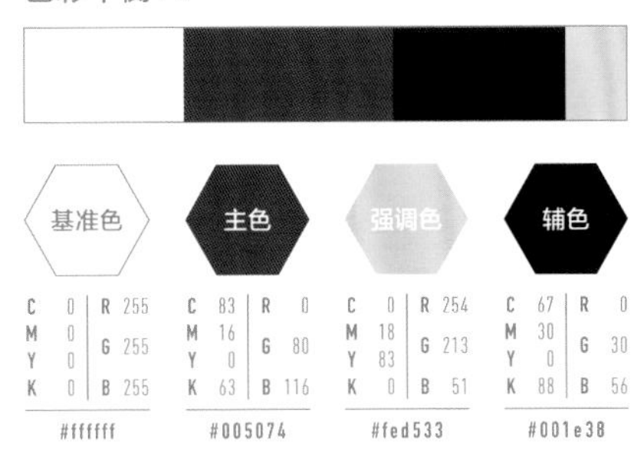

4 核心色 RED 红

///

面向运动员的健身房

注重负重的健身课程可以切实地增加肌肉量，打造出理想的体形。以负重训练为卖点的健身房，建议选择热情的红色作为主色。与灰色搭配在一起，还能同时体现出高质量的服务。

色彩平衡 ///

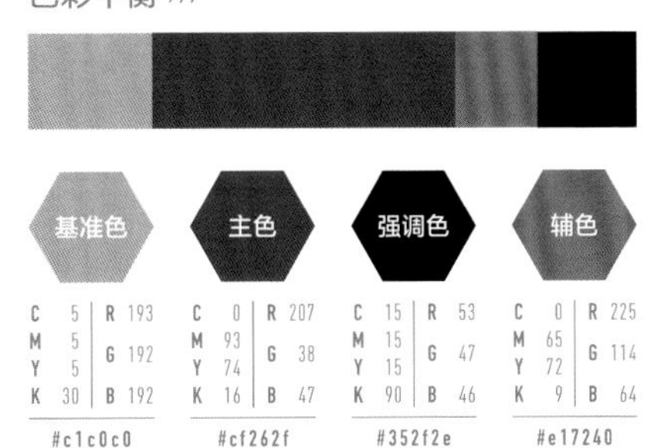

配色示例 ///

企业的主页

旧

为了避免看起来太过死板，我尝试将色彩分散在各处……
但是看起来好像怪怪的……

客户需求备忘录

- 是重工业的企业网站，希望主页能够体现出企业的诚信。
- 服务内容比较专业，最好可以设计得通俗易懂些，不要太死板。

设计企业网站时注意一下配色比例，
网站看起来会更加清晰明了。

NG

配色比例没差别，不够一目了然

问题1

看得出来是想突出这段文字信息，但是面积太大遮挡住了主视觉图。

问题2

毫无目的地按照信息的类型变换色彩，给人一种很散漫的印象。

问题3

重要的视觉图周围使用了多种色彩，看起来不够稳重，无法体现出始终如一的企业形象。

问题4

不同的页面使用了不同的色彩，但配色比例没有差别导致看不清具体内容。

原来不能光想着突出每一个单独的部分，
要先观察网站整体，再去考虑配色比例才行啊。

看不到主视觉图

过于注重易读性，忽视了照片。

毫无目的地使用色彩

毫无目的地使用多种色彩会给人留下散漫的印象。

未能确立企业形象

没有设置一个主色，导致企业形象很淡薄。

配色比例不当

不断变换色彩导致看不清内容。

OK

新

配色比例明确，尽显高端智能

优化1

照片与主色的蓝色明度相近，看起来具有整体感，同时还突显了白色的字体。

优化2

以蓝色为主色、白色为基准色、橙色为强调色，配色比例明确，可以充分体现出诚信的企业形象。

优化3

此处使用强调色可以起到引导前往下个页面的作用。

优化4

图标使用清晰明了的配色可以大幅提高视觉识别性。

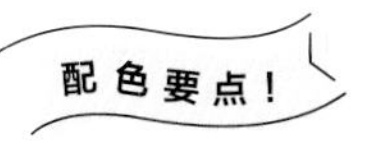

配色比例有明显的差异，
可以制作出版面非常协调的网站主页。

修改前

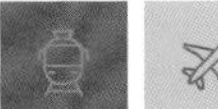

↓

修改后

毫无章法地乱用色彩不仅无法体现企业形象，也无法传递有用信息。配色的黄金比例是70:25:5（基准色:主色:强调色）。注意配色比例并确定好每个色彩的作用，便可以创作出具有说服力的设计。

符合行业形象的

不同色彩的配色效果

1

核心色 /// RED 红
软件开发

在看起来值得信赖的黑白色调之中，加入给人积极向上与革新印象的红色，这个配色最适合开发尖端技术的软件公司。

色彩平衡 ///

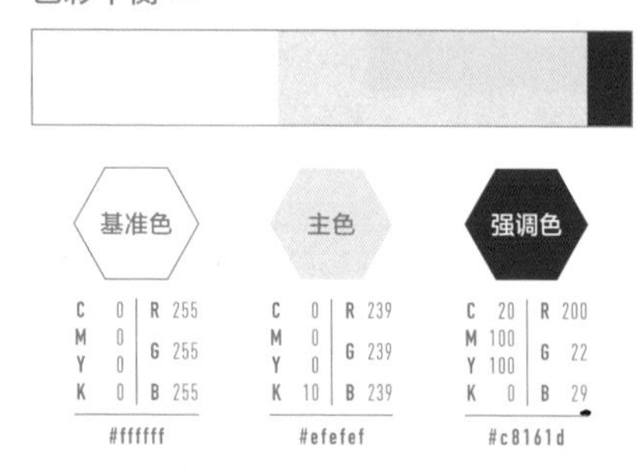

配色示例 ///

2

核心色 /// ORANGE 橙
健康食品

健康食品的网站可以使用象征健康与活力的橙色。橙色还具有增进食欲的效果，能够有效激发人们的购买欲。

色彩平衡 ///

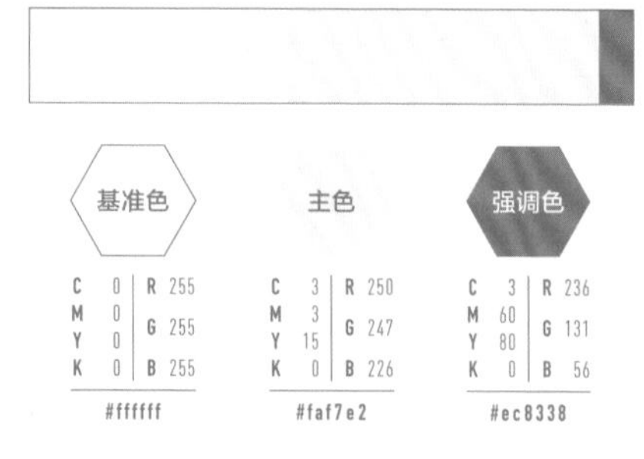

配色示例 ///

配色在制作企业网站时至关重要！
下面介绍一下各个行业适合使用的色彩。

3

核心色 /// YELLOW 黄
金融服务

能够令人联想到金钱的色彩有金色和黄色。需要体现亲切感与便利性时，主色可以选择黄色。

色彩平衡 ///

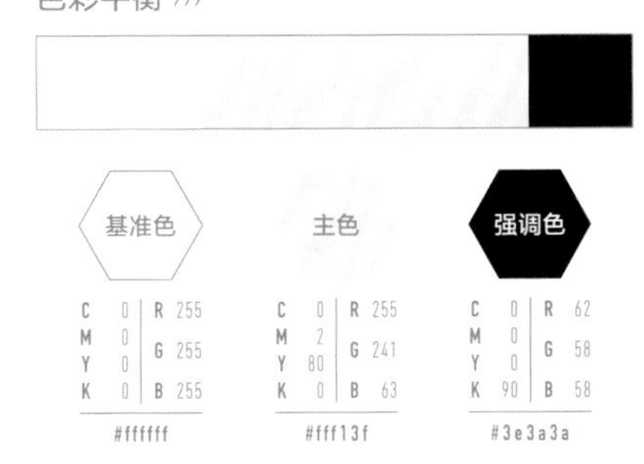

	基准色	主色	强调色
C	0	0	0
M	0	2	0
Y	0	80	0
K	0	0	90
R	255	255	62
G	255	241	58
B	255	63	58
	#ffffff	#fff13f	#3e3a3a

配色示例 ///

4

核心色 /// BLUE 蓝
运动品牌

象征着清爽的蓝色，是运动品牌和饮品企业经常使用的色彩。如果是经营精密器械的企业，蓝色还能给人一种很强的信赖感。

色彩平衡 ///

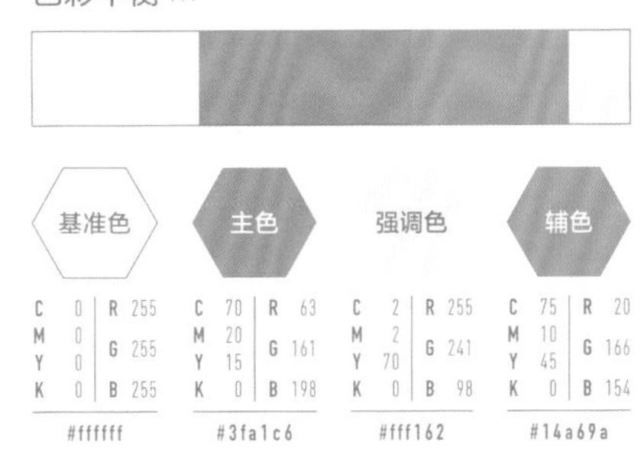

	基准色	主色	强调色	辅色
C	0	70	2	75
M	0	20	2	10
Y	0	15	70	45
K	0	0	0	0
R	255	63	255	20
G	255	161	241	166
B	255	198	98	154
	#ffffff	#3fa1c6	#fff162	#14a69a

配色示例 ///

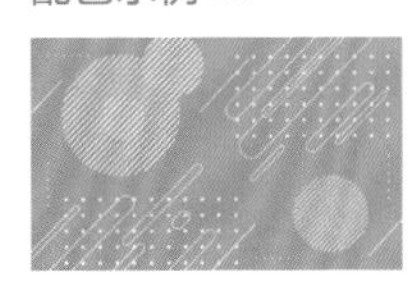

旧

我设计了一个能打动人心，
具有很强信息性视觉效果的版面！

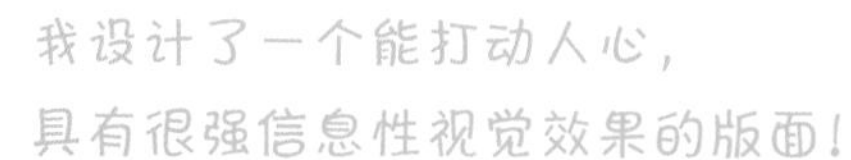

客户需求备忘录

- 这是一则呼吁大家预防事故发生的公益广告，因为边走路边看手机的人太多了，很容易发生事故。
- 希望可以创造一个契机，让所有人看了广告都能有所感触，静下心来反思自己的行为。

视觉上看起来确实很漂亮，
但不太适合用来提醒危险行为。

沉静色看着不像是在提醒危险行为

问题1

配色由能令内心平静下来的沉静色（蓝色、紫色等）构成，难以起到让人一眼望去就觉得这种行为很危险的宣传效果。

问题2

背景图案的颜色强于字体的颜色，导致看不清文字内容。

问题3

字体毫无气势，且字体颜色与背景色属于同一色系，这样不仅看不清文字内容，背景图案看起来也十分凌乱，可用性较差。

问题4

人物插图之间留有一些空隙，整体留白过多，难以体现出危险性。

我本意是用留白与冷色来表现冷静的态度，
原来这种公益广告最重要的是易于理解与具有视觉冲击力啊。

痛点1 使用了沉静色

提醒人们注意的内容不宜使用沉静色。

痛点2 文字与背景图案缺少对比

背景图案的颜色与字体的颜色对比较弱，导致看不清文字内容。

痛点3 缺乏可用性

字体的选择与版式的设计是不易于阅读的原因。

痛点4 看起来不危险

留白太多，看起来很宽裕，但缺乏危机感。

OK

新

警告色能让人瞬间意识到是危险行为

优化1

黄色是提醒人们注意的最具代表性的警告色。只要背景直接使用黄色，便能瞬间吸引人们的注意力。

优化2

将人物插图排列得具有马上就要撞在一起了的那种紧迫的距离感，这样只要看一眼便能立刻意识到这种行为很危险。

优化3

加粗的黑体字很有气势，从远处看也有很强的视觉识别性。故意打破平衡，将其中一个字改成红色，可以让这段文字信息给人留下更加深刻的印象。

优化4

用代表着危险、禁止、紧急等意义的红色搭配黄色的背景，具有瞬间体现出行为危险性的宣传效果。

配色要点！

公共广告在配色时应当充分考虑可用性，设计成简明易懂的形式。

修改前

↓

修改后

例如交通安全的标志、洗手间的标志等，任何人看到社会通用的色彩，都能立刻做出判断。反之，当使用与人们普遍认知中的印象相反的色彩时，就需要注意很可能会造成误解。在制作公益广告的时候，易于理解与便于传播比具有设计感更加重要。

符合呼吁内容的

不同关键色的配色效果

1

核心色 /// ORANGE 橙

声音太大

使用给人热闹与傲慢等印象的橙色，不仅可以表现出人们高涨的情绪，同时还能起到提醒的作用。

色彩平衡 ///

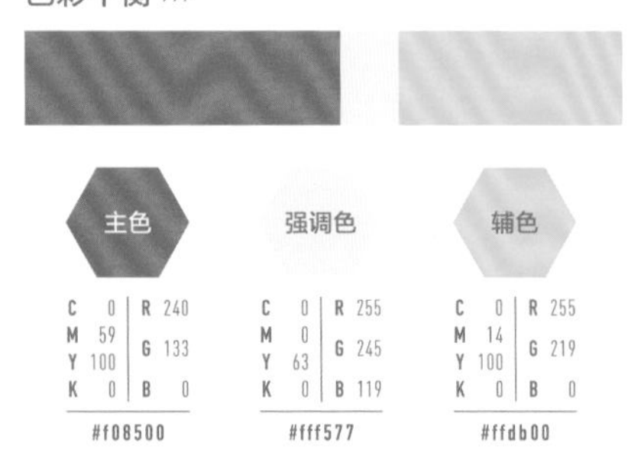

	主色	强调色	辅色
C	0	0	0
M	59	0	14
Y	100	63	100
K	0	0	0
R	240	255	255
G	133	245	219
B	0	119	0
	#f08500	#fff577	#ffdb00

配色示例 ///

2

核心色 /// BLUE 蓝

耳机漏音

蓝色是安全色中适合用于“引导”的色彩，具有促使人们反思自身行为及提醒应照顾他人感受的效果。

色彩平衡 ///

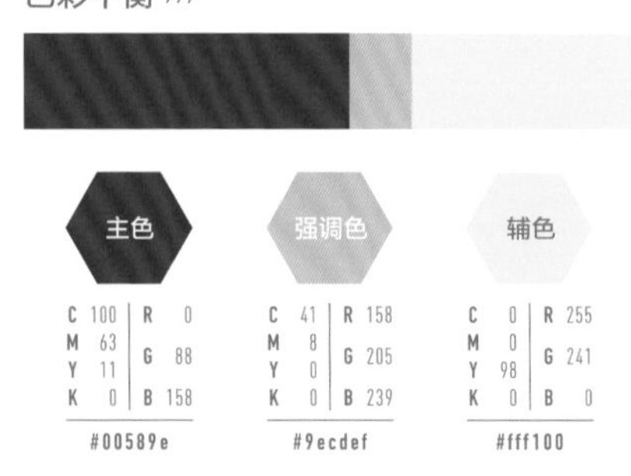

	主色	强调色	辅色
C	100	41	0
M	63	8	0
Y	11	0	98
K	0	0	0
R	0	158	255
G	88	205	241
B	158	239	0
	#00589e	#9ecdef	#fff100

配色示例 ///

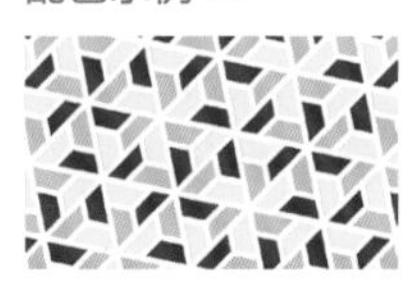

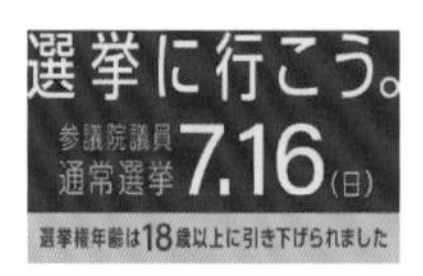

在地铁上经常可以看到关于地铁礼仪的广告吧。
接下来就来看看符合呼吁大家遵守的礼仪内容的配色吧。

3

核心色 /// GREEN 绿
行李问题

绿色是代表着“安全”状态的色彩，可以暗示人们意识到自己一个小小的行为关系着大家能否拥有一个安全的环境的问题。

色彩平衡 ///

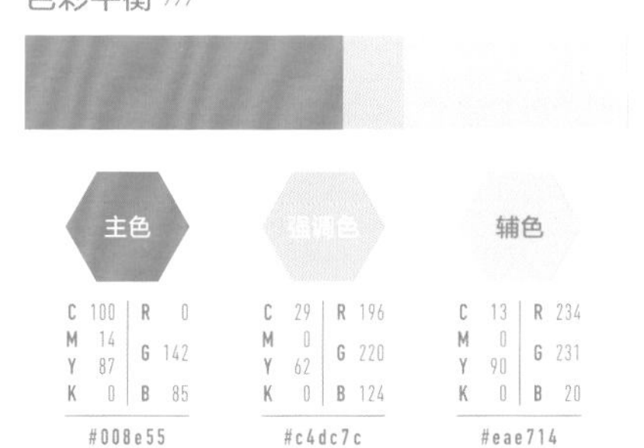

配色示例 ///

4

核心色 /// PINK 粉
在车上化妆・礼让精神

粉色是对女性非常具有宣传效果的色彩。在希望人们的行为可以照顾与体谅他人时，粉色是最适合使用的色彩。使用鲜艳的粉色还能吸引人们的注意力。

色彩平衡 ///

配色示例 ///

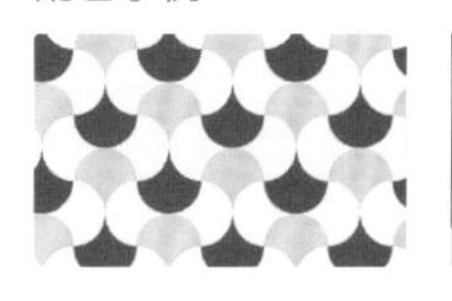

“充分考虑色彩平衡以确立企业形象。”

确立企业形象
=
配色比例张弛有度

配色时注意“色彩平衡（即配色比例）”有利于确立企业或产品的形象。挑选出一个恰当的主题色也是非常实用的技巧之一，这有助于制作出张弛有度的网页。

色彩平衡

配色比例为等比例
=企业形象模糊

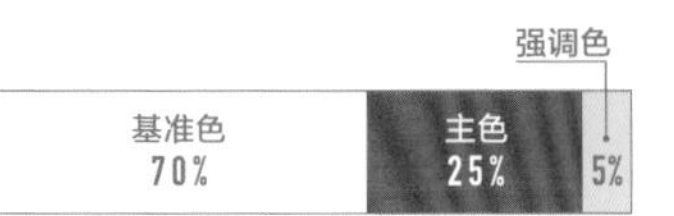

配色比例张弛有度
=企业形象清晰

配色比例

基准色：70%
主色：25%
强调色：5%

要点

制作网页时，首先要决定好“主题色（基准色、主色、强调色）”。**配色由这3种色彩构成，基本上就可以制作出非常协调且具有整体感的网页了。另外，配色比例也十分重要。**像NG示例那种等比例的配色，容易给人一种散漫的印象，而且缺乏整体感。但是像OK示例那种张弛有度的配色比例，就可以确立想要体现的网页形象。

制作企业的网页时，推荐以企业代表色为主色，这样更便于打造出完善的设计氛围。基准色使用明度较高的色彩可以提高文字信息的视觉识别性。

\ 需要增加色彩数量时 /

试试“分割色彩”！

无论如何都想使用4种色彩时，一定要试试通过分割色彩来调整配色比例这个技巧。学会这个技巧以后，即使色彩数量变多了也能制作出具有整体感的网页。

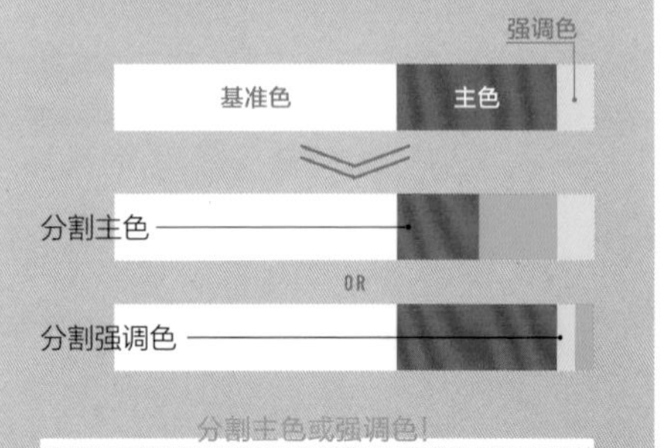

第 9 章

具有高级感的设计

老字号糕点品牌的新品包装

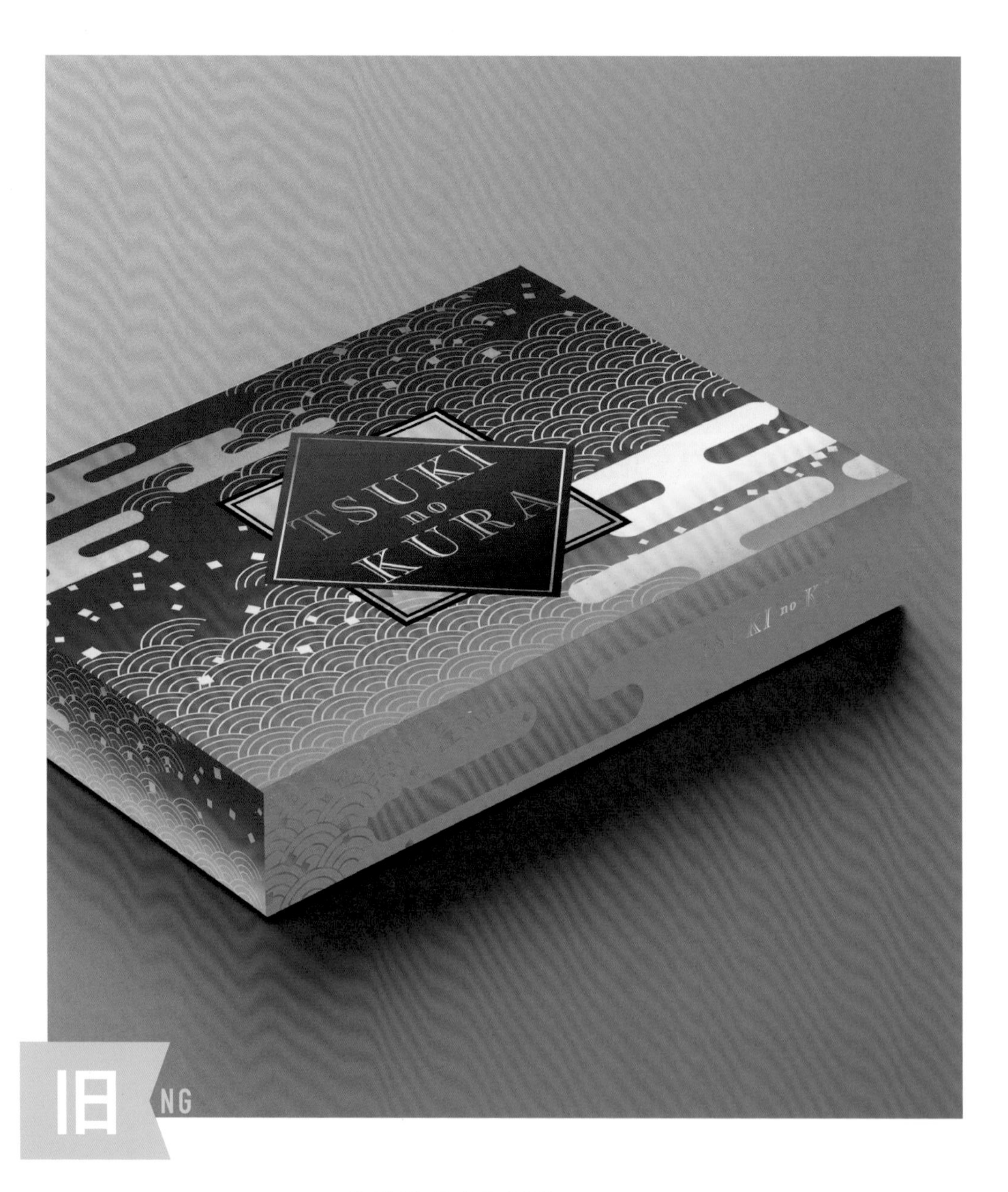

旧 NG

为了体现出高级感，
我利用金色打造出了金光闪闪的样子！

客户需求备忘录

- 老字号糕点品牌开发了以高端人群为目标客户的更加上乘的新产品。
- 希望外包装看起来时尚又高档，让人看了就想买来当作伴手礼。

新 OK

金色的色调看起来有些廉价呀，
试试换一种金色吧。

NG

旧

金色太多显得庸俗

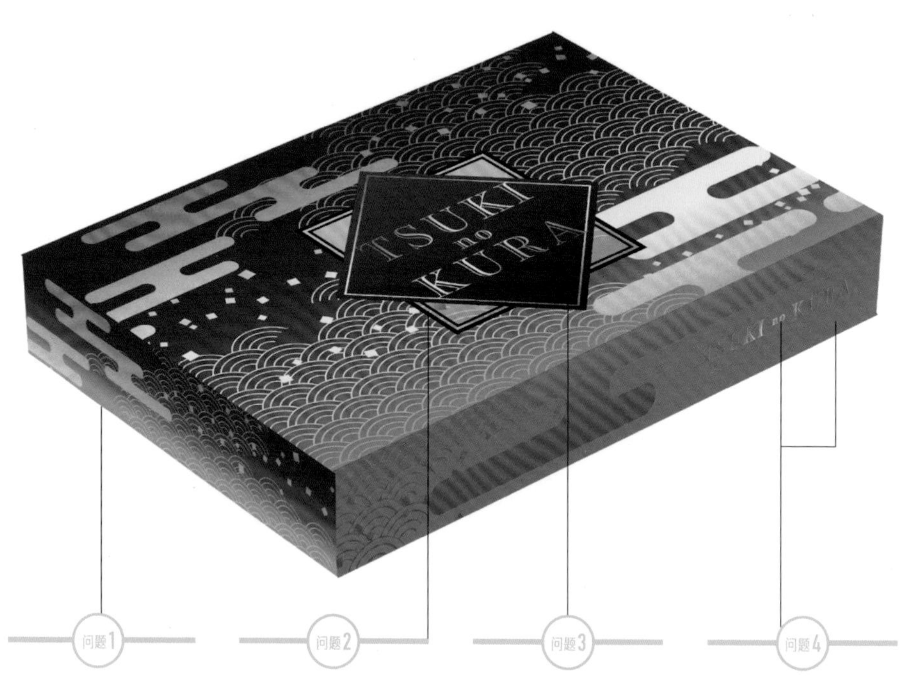

问题1

黄金色与红色的渐变给人一种廉价的印象。

问题2

只有一个地方使用了黑色，导致边框看起来特别突兀，整体效果既缺乏立体感又显老套。

问题3

红色与金色都是吉祥的色彩，但是金色部分太多了，看起来会很庸俗。

问题4

背景使用的低饱和度的金色与商标使用的高饱和度的金色不搭，看起来有种不协调的感觉。

原来金色有这么多不同的种类啊！

金色的种类

金色×红色的渐变看起来很廉价。

无彩色不协调

只有边框使用了黑色，看起来很突兀。

金色部分太多

太过耀眼，看起来很庸俗。

饱和度的搭配不协调

不同饱和度的渐变搭配在一起很不协调。

在关键处用金色显得高档

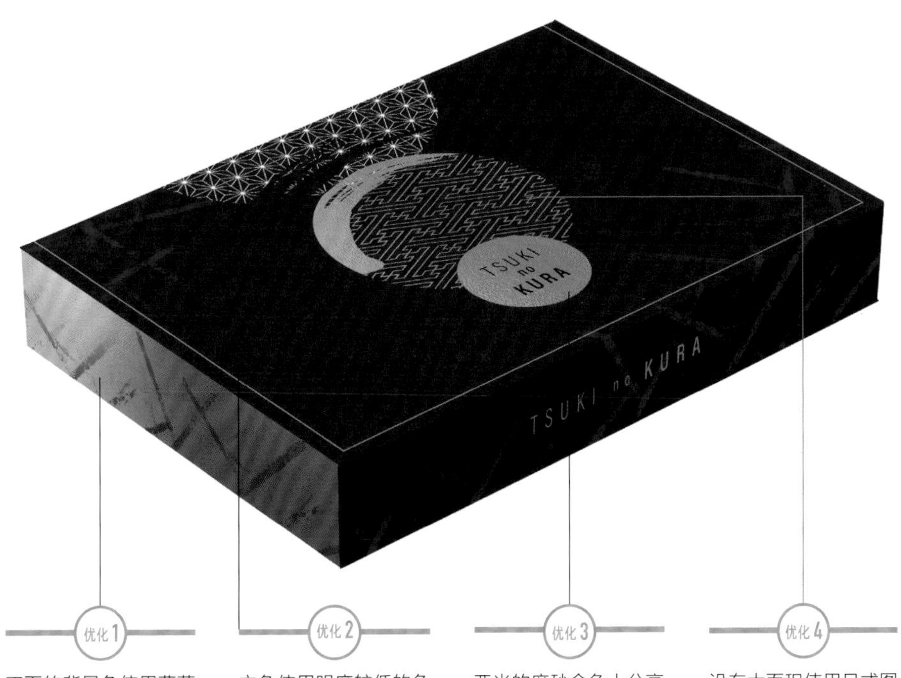

优化1

正面的背景色使用藏蓝色，侧面使用金色。这个配色看起来张弛有度且具有立体感。

优化2

主色使用明度较低的色彩，可以营造出成熟的氛围。选择藏蓝色而不是黑色，是因为藏蓝色能给人一种时尚的印象。

优化3

亚光的磨砂金色十分高雅，可以打造出上乘的高级感。

优化4

没有大面积使用日式图案，而是通过缩小日式图案的使用范围来打造具有现代风格的日式设计。

配色要点！

需要打造高档又时尚的风格时，应适当减少光泽感。

修改前

↓

修改后

金属色包括金色、银色、黄金色、粉金色等许多不同种类的色彩。使用烫金工艺时，有光泽与无光泽给人的印象完全不同。想要看起来高档且成熟的金色，可以选择亚光的青金色。

看起来很高档的

日式摩登配色

1

核心色

INDIGO 靛蓝

///

绅士格调

大面积使用蓝中带些许绿意的深邃蓝色（靛蓝色），并搭配银色的日式图案，给人感觉非常高雅。谦逊有礼的蓝色能令这份礼物看起来很有格调。

色彩平衡 ///

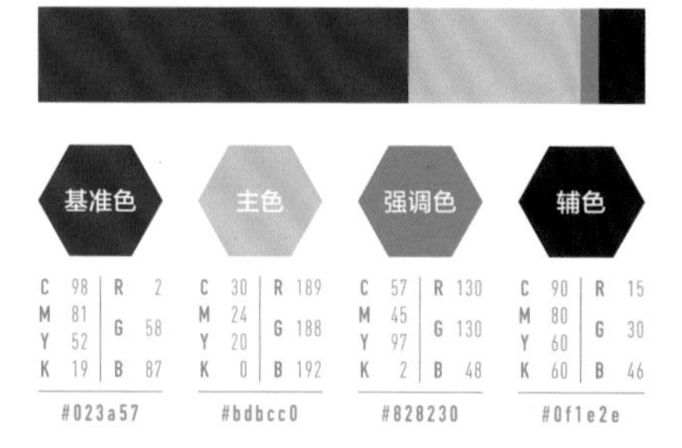

配色示例 ///

2

核心色

DEEP GREEN 深绿

///

恬静优雅

深绿色能令人联想到平静又悠闲的时光，与偏红的金色搭配在一起非常协调，可以打造出优雅的日式风格。这个配色还能令人感受到送礼人有多么体贴，是非常适合用作礼物设计的配色。

色彩平衡 ///

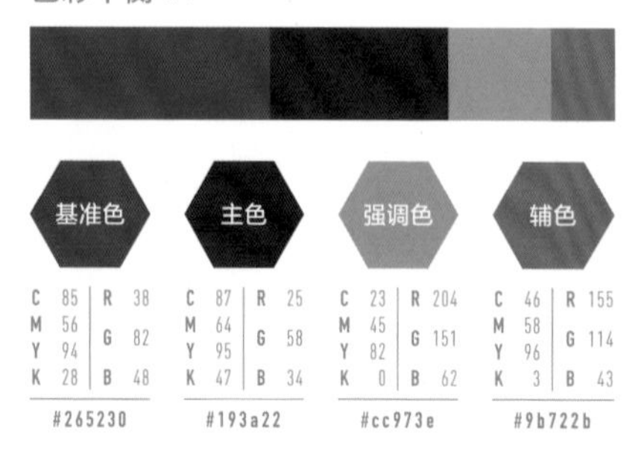

配色示例 ///

接下来介绍没有使用日本风格常用的色彩，
而是利用银色与金色打造高级感的摩登配色。

3 核心色 PURPLE 紫

///

超凡脱俗之美

如紫罗兰与藤花般的紫中带灰的紫色与银色搭配在一起，效果非常出众。令人联想到京都等古都的这个配色，可以演绎出女性的深邃之美。

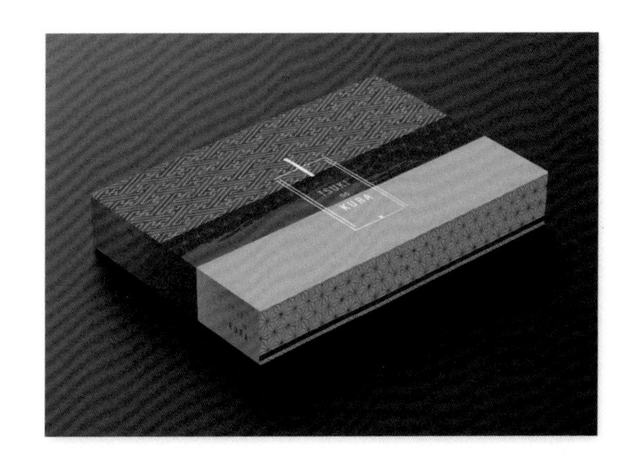

色彩平衡 ///

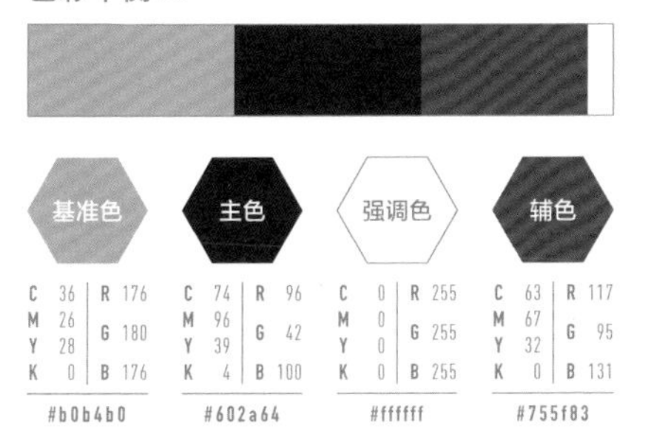

配色示例 ///

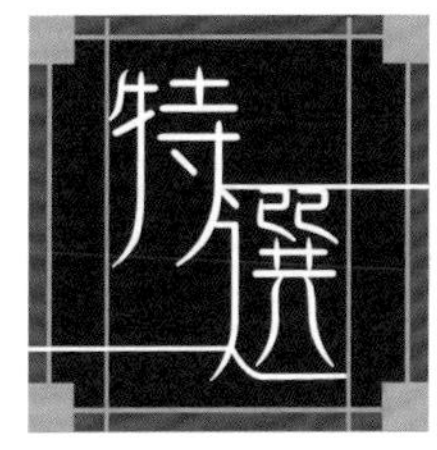

4 核心色 BROWN 棕

///

令人联想到传统与历史的老字号风格

偏红的深棕色看起来很厚重，能够体现出稳重的感觉，最适合用来表现老字号店铺值得信赖的品质与悠久的历史。强调色使用金色能进一步体现出高级感。

色彩平衡 ///

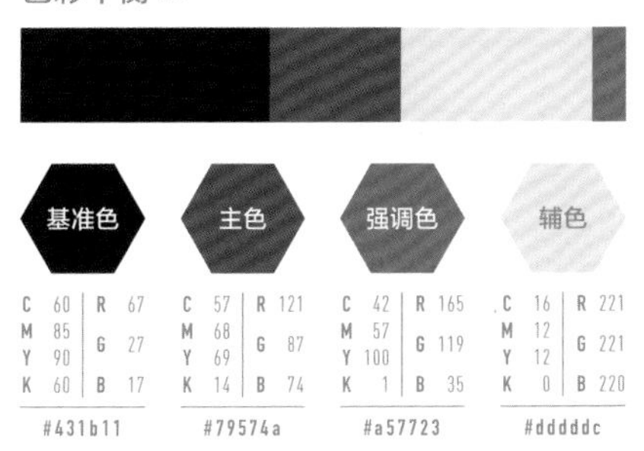

配色示例 ///

酒店顶层的餐厅重装开业的宣传海报

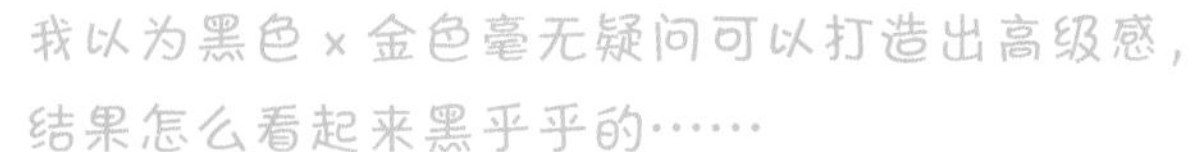

客户需求备忘录

- 以能将市内夜景尽收眼底为卖点的高级餐厅。
- 希望体现出在这里能体验到未曾有过的新奇感，以及重装开业后各方面都升级了。

新 OK

装饰反倒比夜景的魅力更加突出了，
重新考量一下配色平衡与收缩色吧。

NG

旧

黑色占比过多显得很沉闷

装饰十分华美，而黑色的使用面积又太大，整体给人一种沉闷的印象。而且装饰比主照片更加吸引人的注意力。

问题2

照片能看到的范围太小，难以体现出夜景的魅力。

问题3

金色背景搭配纤细的衬线字体不易于阅读，再加上厚重的边框设计，看起来很不协调。

问题4

字号与行距都一样，给人感觉不太像广告文案，传达的信息效果比较差。

虽然配色没问题，但是使用时掌握不好平衡，看起来也会有很大的差别啊。

痛点1 配色不平衡

使用了过多的黑色，看起来很沉闷。

痛点2 看不见照片

装饰太多，难以体现照片本身的魅力。

痛点3 边框与字体不协调

厚重的边框不能搭配纤细的字体。

痛点4 文字缺乏跃动感

文字没有跃动感导致信息传达效果较差。

OK

新

蓝 × 金突显夜景之美

优化1

背景使用蓝色渐变来演绎富有情调的夜空，突显了照片的美。

优化2

加大了广告文案与详细介绍的字号差别，通过提高文字的跃动感来增强信息的余韵。

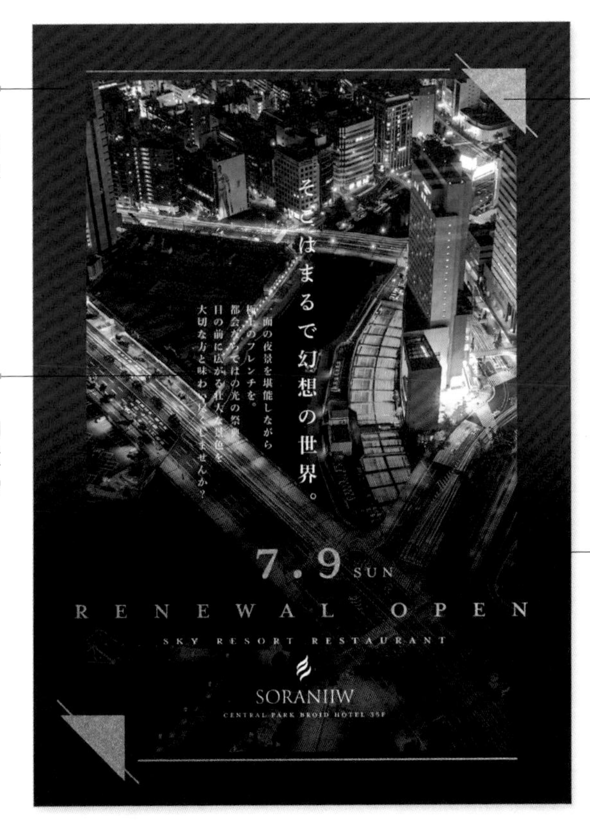

优化3

边框要注意应尽可能地简单，以突显主照片的意境。此外，亚光的磨砂金色看起来会显得比较高档。

优化4

为了方便阅读文字信息，可以在主照片上加一层半透明的黑色渐变。这样可以在不损害照片魅力的同时，让人留意到文字信息。

能够衬托金色的不只有黑色，
应当根据照片来选择合适的收缩色。

配色要点！

修改前

→

修改后

“体现出高级感”并不等同于“设计得很华丽”。将“需要展示的是什么”放在第一位考虑，并意识到装饰和配色都是为突显其魅力服务的，这样就可以打造出优质的设计作品了。

符合要表达的信息的

不同关键色的配色效果

1

核心色 /// EMERALD 祖母绿

优雅平静的时光

祖母绿作为宝石可谓久负盛名，使用祖母绿色可以提高期待值，让人觉得自己能在这里以平静的心态度过一段优雅的时光。

色彩平衡 ///

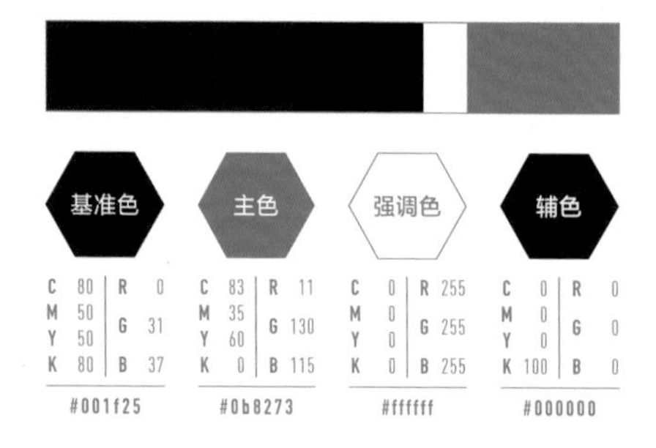

配色示例 ///

2

核心色 /// PURPLE 紫

充满情调的奢华之夜

紫色能令人想到成年人充满情调的时光，非常适合用来打造高级感。紫色还很适合用来营造尽情享受奢华饭菜与绝美夜景的氛围。

色彩平衡 ///

配色示例 ///

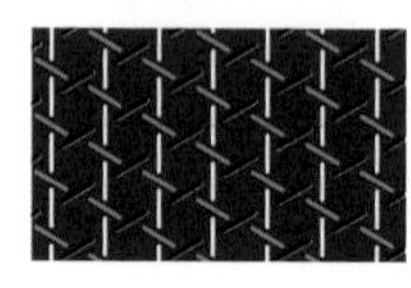

在这里能够度过一个怎样美好的夜晚呢？
来看看符合店方给出的信息的配色吧。

3

核心色 /// BLUE 蓝
无拘无束的清爽之夜

蓝色是能令人感到无拘无束的色彩，配色中蕴含着这样一个信息：可以暂时忘却日常生活中的烦恼，在摩天大楼的顶层度过一个美妙的夜晚。

色彩平衡 ///

配色示例 ///

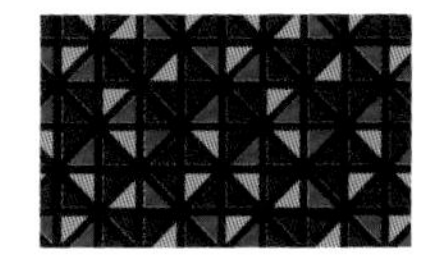

4

核心色 /// GOLD 金
特别的夜晚

偏红的金色最适合用黑色来衬托。简单地以黑色为基准色，再用金色去装饰，可以打造出专属于成年人的特别之夜。

色彩平衡 ///

配色示例 ///

市售高端雪糕的新品宣传横幅广告

旧

我使用了明亮色彩作为产品背景来突显雪糕，再用黑色收缩以打造出高级感。

客户需求备忘录

- 以丰富的口感为卖点的市售高端雪糕。
- 希望广告可以体现“为人们的日常生活送上片刻的奢侈时光”这一品牌理念。

新 OK

产品理念与背景色不相符啊，
试试从整体的角度去考虑配色吧。

NG

旧

产品突兀且给人清淡的印象

问题1

清淡色调的背景色，与以浓厚香醇、口感丰富为卖点的产品理念不符。

问题2

照片的背景色与横条的色彩对比过于强烈，导致产品照片看起来很拥挤。

问题3

棕色与横条的色彩差异较小，给人感觉不太自然，整体看起来很不协调。

问题4

广告文案完全没有必要使用3种色彩，而且3种色彩的色调还不一致，看起来非常别扭。

配色时比起突出产品本身，
重视产品理念才是最重要的啊。

痛点1 背景色选择失误

背景色与产品理念不符。

痛点2 横条与照片对比过强

用深色横条收缩会给人一种拥挤的印象。

痛点3 整体缺少平衡

照片内与照片外的收缩色不一致，看起来会很不自然。

痛点4 使用多种色彩&色调

使用多种色彩导致色调乱七八糟，看起来非常别扭。

OK

新

产品融入背景之中，打造奢华的氛围

优化1
与产品理念及产品本身的色调相符的深棕色，成功打造出了奢华的氛围。

优化2
部分文字使用了强调色，这样搭配即使字号很小也能充分传达信息。

优化3
以细线的形式加入浅色的强调色，既不会破坏照片的美，又能营造出优雅的氛围。

优化4
利用曲线修饰照片可以显得空间更加宽裕，从而打造出优雅的格调，还能体现出入口即化的感觉。

将产品融入背景之中，能令设计更具整体感。

配色要点！

修改前

↓

修改后

从理论上来讲，增加产品与背景的明度差可以充分展示产品，但是背景色故意选择与产品相似的色彩，加强观看整体时给人留下的印象，也是一种不错的表现手法。整体的色调统一是令设计更具整体感的关键所在。

符合风味的

配色示例

1 核心色 LIGHT BROWN 浅棕

///

拿铁咖啡

由令人联想到浓缩咖啡的焦茶色与细腻柔滑的拿铁色构成的配色，可以打造出沉稳又富有情调的氛围。这个配色能够充分表现出食物的美味程度，令成年人看到就会忍不住买来尝尝。

色彩平衡 ///

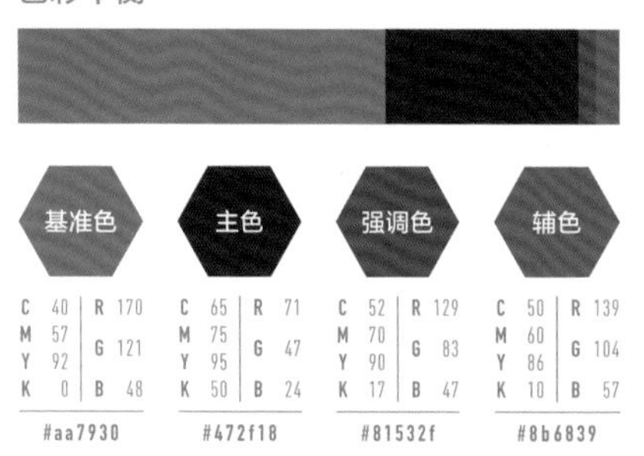

2 核心色 LIGHT GREEN 浅绿

///

抹茶

只要统一使用与产品形象相符的色调，明亮的色调也能打造出更优质的产品形象。明亮的黄绿色搭配素雅的绿色与灰色，看起来非常协调。

色彩平衡 ///

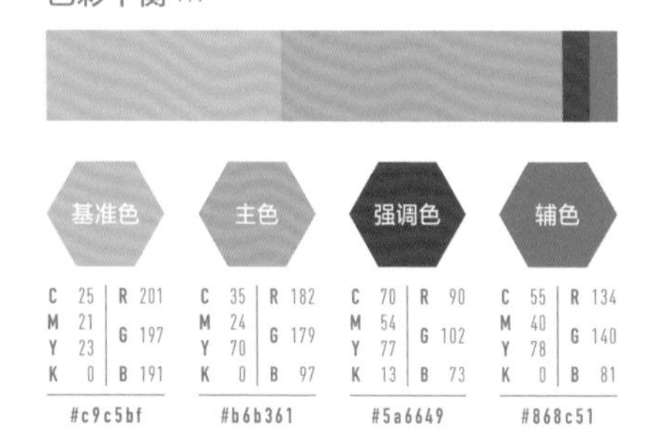

配色示例 ///

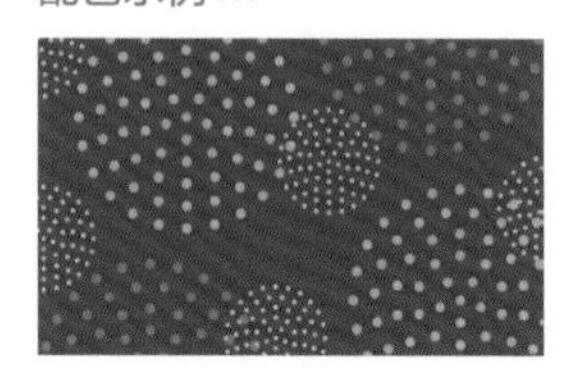

为了达到能从色彩联想到丰富口感的效果，
要围绕着产品去考虑配色。

3 核心色 CAMEL 驼色

///

焦糖

以驼色为主色，统一使用偏红的棕色系色彩，可以创作出令人联想到优质焦糖那醇香浓郁的甘甜味道的设计。

色彩平衡 ///

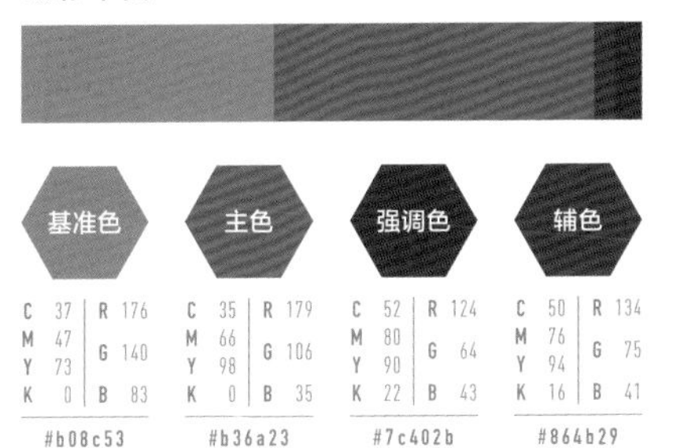

配色示例 ///

4 核心色 STRAWBERRY 草莓色

///

草莓风味

低饱和度的草莓色搭配酒红色，营造出了一种成熟的氛围，令人们对可以品尝到口感醇厚的草莓风味充满了期待。整体使用深色调是打造出高级感的诀窍所在。

色彩平衡 ///

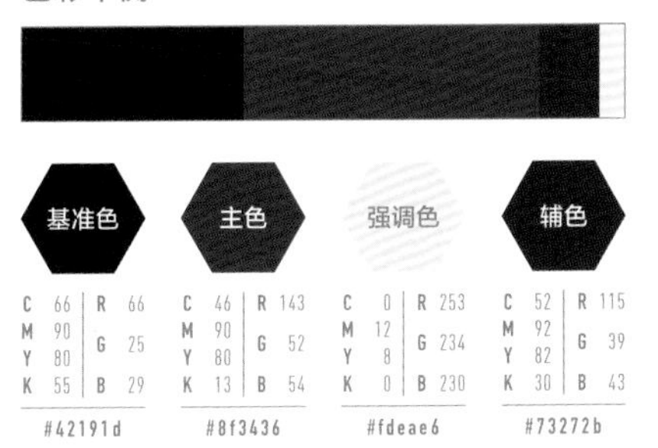

配色示例 ///

有效解决你的配色烦恼！

· 需要牢记的7个配色技巧 ·

前，前辈……
配色实在是太烦人了，我已经快要分不清好坏了……

哎呀，看来你陷入到常见的困境里了呀……
你具体是在烦恼些什么呢？

不管怎么搭配我都觉得不太对，
感觉自己就像迷路了一样，特别迷茫。

遇到这种情况，
可以利用配色的基础技巧重新建立你的设计理念。

据说色彩的数量有750万种以上。
要从数不清的色彩之中选出若干色彩来配色，可谓难上加难。
任何设计师都会遇到因为配色而苦恼的一刻。

在苦于配色以至于找不到出口的时候，
基础知识可以发挥很大的作用！

接下来，就让我们通过书中的示例，
来看看基础的配色技巧吧！

01 统一色相配色（dominant color）

统一色相配色中的“dominant”是支配的意思，指的是使用了同一种色彩，色相一致的配色。缩小色彩之间的明度差可以进一步提高整体感。

来看看本书中出现过的运用了统一色相配色的示例吧！

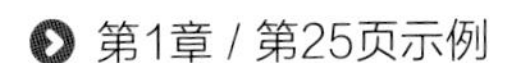

第1章 / 第25页示例

第2章 / 第39页示例

左侧的示例主要使用了黄绿色，配色全部由明亮色调的色彩构成，打造出了明亮快活的氛围。而右侧的示例以绿色为主色，配色统一使用明灰色调的色彩，给人一种沉稳的印象。由此可见，同样使用绿色，只需要改变整体的色调便可以打造出完全不同的氛围。

效果

- 有助于统一版面氛围的配色。
- 能够加强色彩本身给人的印象。

02 统一色调配色（dominant tone）

统一色调配色顾名思义是指色调相同的配色。只要色调一致，色相便可以自由选择，因此给人的印象会比统一色相配色更加热闹一些。

来看看本书中出现过的运用了统一色调配色的示例吧！

配色示例

第1章 / 第12页示例

第3章 / 第76页示例

氛围营造得非常完善，
所以即便使用了各种不同的色彩，
也能够充分体现想要表达的印象啊！

左侧的示例是明亮色调，右侧的示例是浅色调，两者各自使用了统一的色调，所以色相不同的色彩搭配在一起也不会觉得很奇怪。需要在具有整体感的氛围中表现出热闹非凡的感觉时，推荐使用这一配色技巧。

效果

- 能够打造出热闹非凡的感觉。
- 在保持整体感的同时，拥有高自由度的表现方式。

03 调性配色（tonal）

在轻柔色调、明灰色调、灰色调、浊色调这4种色调的范围内，将中明度与中低饱和度的中间色搭配在一起的配色，便叫作“调性配色”。调性配色可以任意使用不同色相的色彩。

配色示例

来看看本书中出现过的运用了调性配色的示例吧！

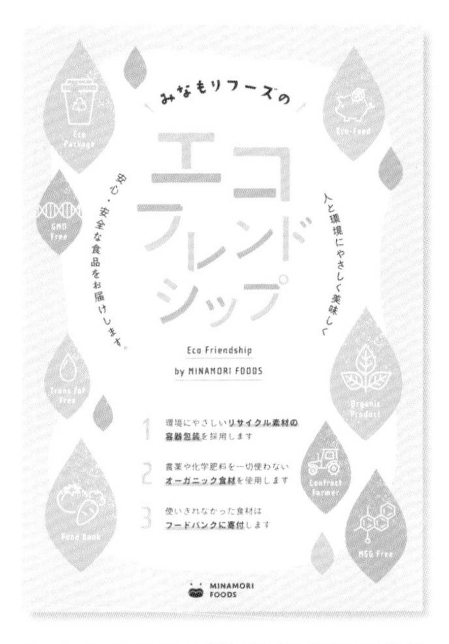

第5章 / 第129页示例

第2 章 / 第44页示例

从四种色调中选择色彩进行搭配，能够表现的范围很广泛！

左侧的示例以明灰色调为基准色调，收缩色使用了浊色调，打造出了非常自然的风格。右侧的示例以浊色调为主，搭配明灰色调的基准色，打造出了符合年长人群喜好的素雅配色。调性配色非常适合用来营造柔和的氛围。

效果

· 给人感觉安稳、放心的配色。
· 能够表现沉稳柔和的氛围。

04 同色相配色（tone on tone）

同色相配色的“tone on tone”意为“色调叠加”，指的是色相统一且色彩之间的明度差较大的配色。以主色为中心制造明度差的这一手法，可以在保持整体感的同时提高文字的视觉识别性。

配色示例

来看看本书中出现过的运用了同色相配色的示例吧！

第1章 / 第23页示例

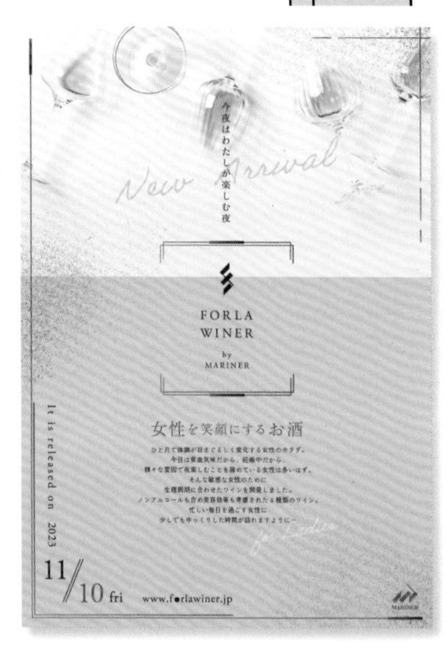

第4章 / 第97页示例

左侧的示例使用了将橙色的明亮色调与浅色调搭配在一起的配色，在视觉上极具冲击力，充分表现出了快活的印象。右侧的示例使用了将淡色调和暗色调等不同色调的紫色搭配在一起的配色，色彩之间的明度差非常大，所以文字虽小却仍能充分保证视觉识别性。

效果

· 可以提高文字信息的视觉识别性。
· 具有整体感，突显了色彩本身给人的印象。

05 同色调配色（tone in tone）

同色调配色的“tone in tone”意为“色调之中”，指的是同一色调内的不同色彩搭配在一起的明度差较小的配色。同色调配色使用的色彩不一定是严格意义上的相同色调，也可以使用相邻色调中的色彩。

来看看本书中出现过的运用了同色调配色的示例吧！

配色示例

第4章 / 第102页示例

第5章 / 第110页示例

非常直观地体现出了色调本身给人的印象！

左侧的示例统一使用了淡色调，右侧的示例统一使用了明亮色调。淡色调的示例打造出了清透淡雅的柔软氛围，明亮色调的示例则打造出了富有创造力又充满童趣的氛围。两种色调营造的氛围都令人印象深刻。

效果

· 具有整体感，能够打造出华丽又丰富的效果。
· 可以突显色调本身给人的印象。

06　单彩配色（camaïeu）

单彩配色的“camaïeu”在法语中意为“单色画”，指的是以巧妙的深浅与明暗变化所展现出的配色。单彩配色在远观和乍看之下，会给人一种看起来几乎是同一种色彩的印象，色彩与色彩之间的分界线模糊不清。

配色示例

来看看本书中出现过的运用了单彩配色的示例吧！

第1章 / 第25页示例

第5章 / 第123页示例

左侧的示例除了强调色，其余配色均由不同深浅的黑色构成，打造出了黑色印象十分强烈的时尚视觉效果。右侧的示例除了详情文字，统一使用了不同深浅的带一点灰色的米色，营造出了一种沉稳的成熟氛围。

效果

- 配色中的主色令人印象深刻。
- 给人沉稳又优质的印象。

07　伪单彩配色（faux camaieu）

伪单彩配色中的“faux”在法语中意为“伪造、仿造品”，指的是在色调与色相上比单彩配色稍微多一些差异的配色技巧，设计师可以从相邻的色调与色相中选择色彩。

配色示例

来看看本书中出现过的运用了伪单彩配色的示例吧！

第2章 / 第50页示例

第6章 / 第142页示例

虽然色彩的数量很多，但看起来也很有整体感！

左侧的示例使用了由灰色调与明灰色调的蓝色搭配在一起的配色，渐变的对比也比较弱，创作出了非常随性又时尚的设计。右侧的示例虽然色彩的数量很多，但全都是轻柔色调的色彩，看起来不会过于鲜明，整体给人的感觉十分柔和。

效果

- 能够表现沉稳又随性的时尚感。
- 色彩的数量再多也能打造出具有整体感的氛围。

更多的实用配色技巧！

8个其他类型的配色技巧

除了前文介绍的配色技巧，还有许多其他配色技巧。
来学习一下这些一定要知道的配色小知识吧！

补色配色（dyads）

“dyads”意为“两个的”，指的是由位于色相环正相反两个位置上的互补色构成的配色。使用对比强烈的两种色彩可以打造出视觉冲击力很强的配色。

三分色配色（triads）

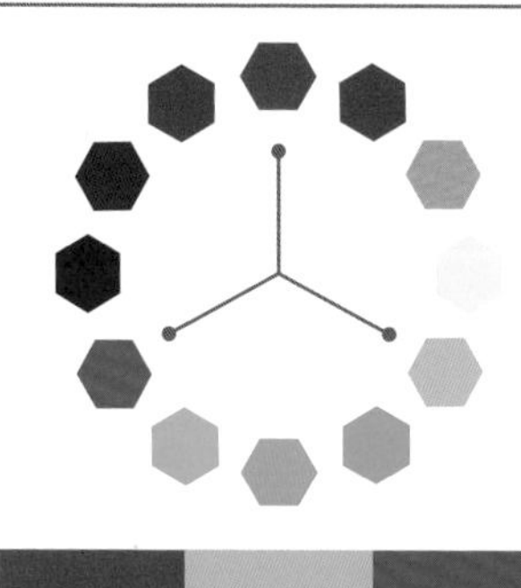

“triads”意为“三个的”，指的是由位于色相环三等分位置上的色彩构成的配色。这类配色虽然在色彩的色相上有很大差别，但搭配在一起非常协调。

分裂补色配色（split complementary）

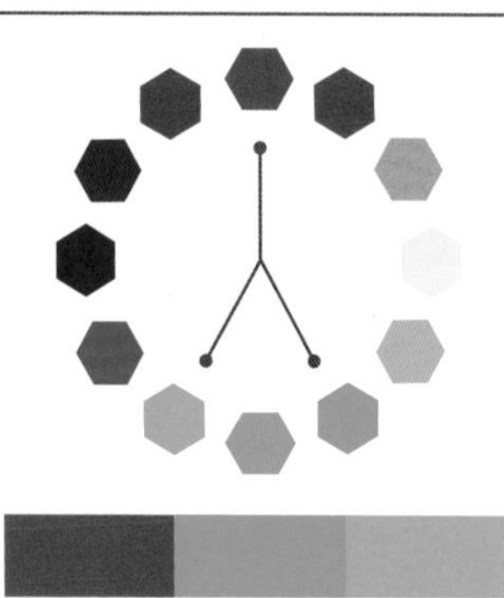

分裂补色配色，指的是由主色及位于其补色位置的色彩（如主色是红色，补色即为绿色）左右两边的两种色彩构成的三色配色。这种配色方法兼具相对性与类似性，能给人留下深刻的印象。

四分色配色（tetrads）

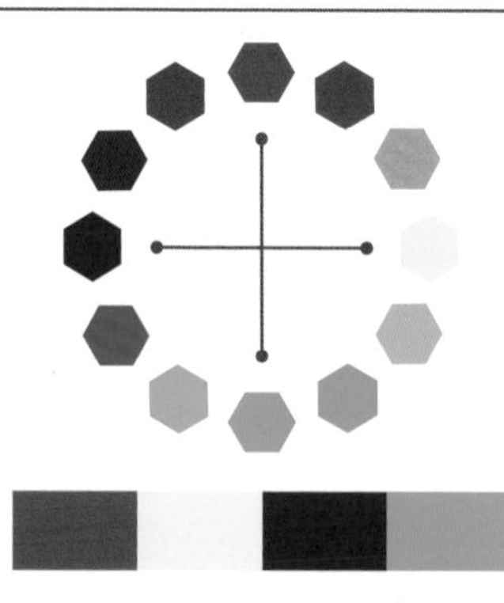

四分色配色，指的是由位于色相环四等分位置的四种色彩构成的配色。两组互补色搭配在一起，可以带给人一种五彩缤纷、热闹的感觉。

配色居然有这么多学问呀……
今后，我要将配色的知识与自己的感觉结合在一起，
努力打磨和提升自己的配色审美。

五分色配色（pentads）

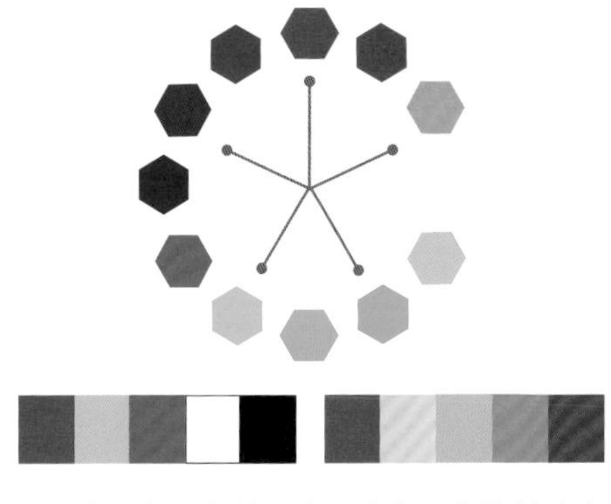

五分色配色，指的是在三分色配色的基础之上加入黑、白两色的五色配色，以及由位于色相环五等分位置的五种色彩构成的配色。

六分色配色（hexads）

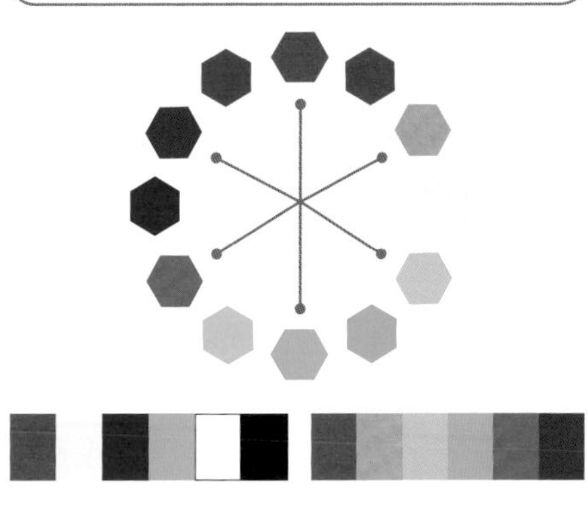

六分色配色，指的是在四分色配色的基础之上加入黑、白两色的六色配色，以及由位于色相环六等分位置的六种色彩构成的配色。

双色配色（bicolore）

“bicolore”在法语中意为“双色的”，指的是对比鲜明的双色配色。例如，饱和度相差较大的两个色彩，还有明度差较大的两个色彩，无彩色也包含在内。

三色配色（tricolore）

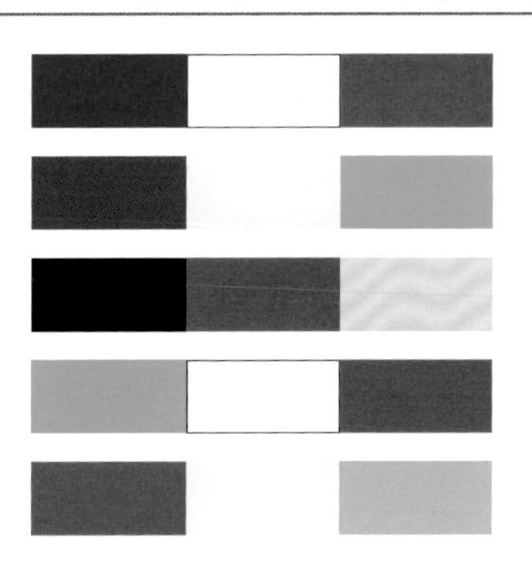

“tricolore”在法语中意为“三色的”，指的是由对比鲜明的三个色彩搭配在一起的配色，无彩色也包含在内。比较具有代表性的例子是一些国家的国旗。

越了解越觉得实用&有趣

色彩本身给人的印象

话说回来，前面经常出现的“色彩本身给人的印象”
以及“色调本身给人的印象”到底是什么呀？

啊，我还没给你具体解释过这个部分啊！
不了解这方面的知识，确实选不出来合适的主色。

我希望自己可以充分了解色彩本身给人的印象，
搭配出具有深层含义的配色！

难得听到你这么直击要害的意见呀……
好！下面来详细了解一下关于色彩本身给人的印象吧！

看到红色会感到温暖，看到蓝色会想到冷气，
这便是色彩本身给人的印象。
除此之外，当看到明亮的色彩时会觉得轻松愉快，
而看到暗淡浑浊的色彩时可能会觉得毛骨悚然吧？
视觉给人们带来了无穷的想象力，再加上文字与配色，
通过这些就能够赋予设计深层的含义与情绪。

关于各种色彩本身给人的印象，
可以参考第176页的“配色 x 印象”！

**接下来，去了解一下明度、
饱和度及色调本身给人的印象吧！**

01 明度给人的印象

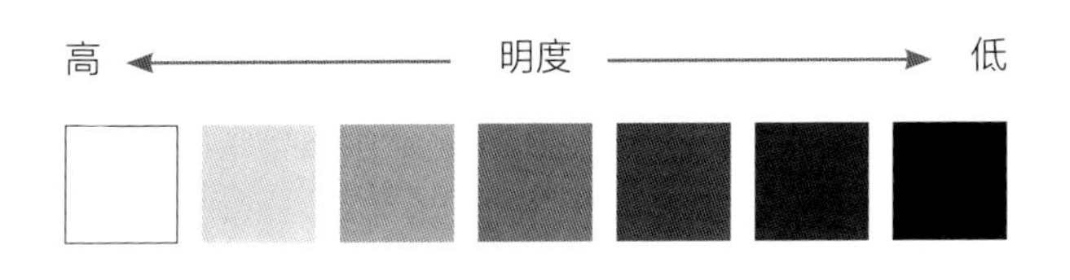

明亮

印象

轻快、洁净、清爽

色彩的明度越高，看起来越轻快、柔和，能够给人清透又新鲜水灵的印象。缺点是淡色缺乏视觉冲击力，不适合在需要给人留下深刻印象的情况下使用。

黑暗

印象

厚重、恐怖、严肃

色彩的明度越低，看起来越阴郁、沉闷。当色彩的明度低到可以联想到黑暗时，甚至会给人毛骨悚然的印象。
明度较高的色彩给人柔软的印象，而暗淡的色彩与之完全相反，会给人一种坚硬的印象，适合用来演绎厚重的感觉。

轻色 · 重色

轻色

重色

明度较高的亮色给人的感觉就如春天的气候一般非常轻盈，明度较低的暗色给人的感觉则十分沉重。其中，白色是最轻盈的色彩，黑色是最沉重的色彩。

软色 · 硬色

软色

硬色

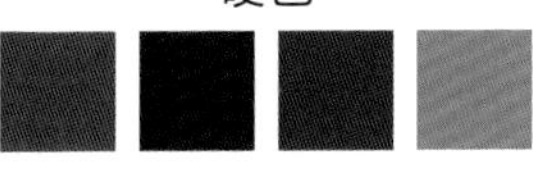

明度较高的暖色系给人温暖与自由开放的感觉，看起来很柔软。明度较低的冷色系给人冰冷与压迫的感觉，看起来很坚硬。中等明度的高饱和度色彩也属于硬色。

膨胀色 · 收缩色

膨胀色　收缩色

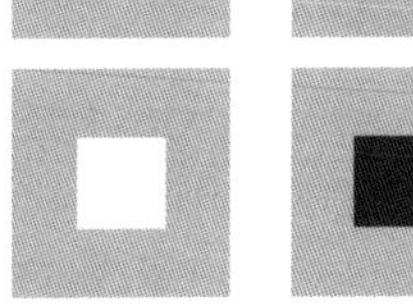

同样的尺寸，明度较高的膨胀色看起来更靠近前面，而明度较低的收缩色看起来显得更小、离得更远。这与穿白色衣服显胖、穿黑色衣服显瘦的视错觉属于同一种现象。

02 饱和度给人的印象

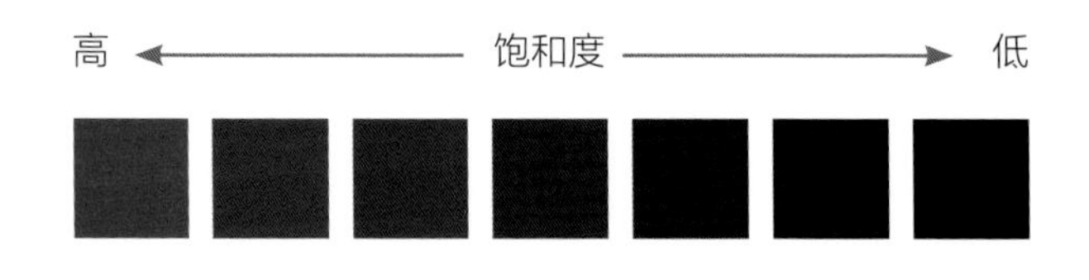

鲜艳

印象

华丽、活泼、欢快

饱和度越高色彩越鲜艳，能够清楚地看出色彩十分强烈，给人华丽、欢快的印象。

高饱和度的色彩最适合用来吸引人的注意力，用在需要突出和强调的部分会很有效。

暗淡

印象

朴素、沉稳、阴郁

饱和度越低色调越弱，色彩看起来也就越浑浊，会给人阴暗、沉重的印象。用来表现沉稳的氛围和厚重感时效果极佳。为了避免配色过于朴素，可以搭配明度较高的色彩以取得平衡，达到张弛有度的效果。

兴奋色 · 沉静色

兴奋色

沉静色

兴奋色是指偏红的暖色系中明度与饱和度都很高的色彩。红色具有提高心率的效果，给人活力四射的印象。沉静色与兴奋色正相反，是指代表冷静的冷色系中明度与饱和度都很低的色彩。沉静色推荐在需要平复心情的时候使用。

前进色 · 后退色

前进色

后退色

看起来仿佛正在向眼前靠近的色彩叫作“前进色”，主要指高饱和度的暖色系色彩。反之，看起来离得很远的色彩叫作“后退色”，主要指饱和度较低的冷色系色彩。需要制作具有强烈视觉冲击力的版面时，可以使用前进色。而营造精致考究的氛围时，使用后退色更加合适。

03 色调给人的印象

最后为大家介绍12种不同色调各自给人的印象！
可以参照文前第4页的色调图来看。

01 鲜艳色调 vivid tone

色调　饱和度最高的色调（纯色）

印象　鲜艳　华丽　生机勃勃　气势

鲜艳色调是没有一丝杂质、完全展现了色彩之鲜艳的色相群组，能够最大限度地突显色彩本身给人的印象。推荐用来制作需要吸引人注意力的版面。

02 明亮色调 bright tone

色调　在纯色中加入少量白色的明亮色调

印象　朝气　年轻　活泼　健康　华丽　积极向上

明亮色调是在鲜艳色调中加入少量白色，明度提高了的色相群组。明亮、开朗给人的印象与人对健康的向往有着直接的联系，因此是运动品牌常用的色彩，也适用于儿童相关产品。

03 强烈色调 strong tone

色调　在纯色中加入少量灰色的强烈色调

印象　强力　热情　精力充沛

强烈色调是稍稍降低了鲜艳色调饱和度的色相群组，这类色调在保持鲜艳的同时还给人强劲的感觉。稍稍降低饱和度后会产生一种厚重感，看起来会更加安稳。

04 深色调 deep tone

色调　在纯色中加入少量黑色的深色调

印象　浓厚　深邃　平和　古典　沉重

深色调是在鲜艳色调中加入黑色，饱和度与明度降低了的色相群组，给人沉稳又高雅的印象。这个色调非常适合用来打造日式风格的设计。

没想到不同种类的色调，
给人的印象也天差地别啊……

05 浅色调 light tone

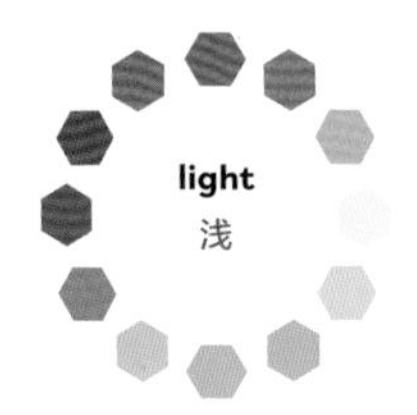

色调　在纯色中加入白色的浅色调

印象　清澈　洁净　稚气　清爽

浅色调是比明亮色调明度更高并稍稍降低了饱和度的色相群组。这类色彩给人的感觉非常清爽、干净，而且受众非常广，因此常用于日常生活用品的宣传与外包装设计。又名“淡彩色调”。

06 轻柔色调 soft tone

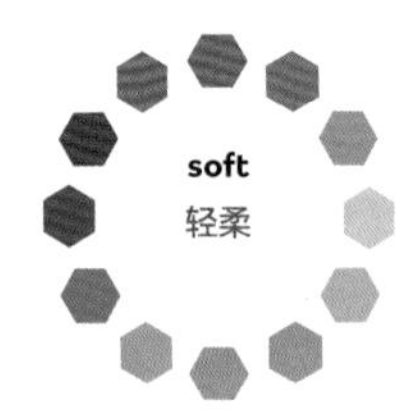

色调　在纯色中加入明灰色的轻柔色调

印象　轻柔　沉稳　朦胧　温和

轻柔色调是仅仅降低了鲜艳色调饱和度的色相群组，比浅色调看起来更加沉稳，给人一种沉静的印象。既有一定的鲜艳度又给人一种温和的印象，非常适合用来打造低调沉稳的氛围。

07 浊色调 dull tone

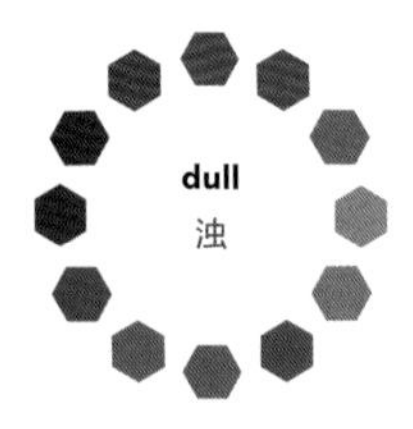

色调　在纯色中加入暗灰色的浊色调

印象　浑浊　暗淡　素雅　灰暗　雅致

浊色调是降低了鲜艳色调饱和度与明度的中间色调的色相群组。这个色调比较沉稳，可以用来打造成熟又雅致的氛围。这个绝妙的色调需要一定的配色审美，但只要熟练运用，便能搭配出非常高级的配色。

08 暗色调 dark tone

色调　在纯色中加入黑色的暗色调

印象　黑暗　成熟　厚重　高档

暗色调是在鲜艳色调中加入了大量黑色的色相群组。这个色调不仅能令人充分感受到色彩，同时还给人一种厚重感，较常用于正式场合，能够打造出高档的感觉。

只要了解了不同色调能营造出怎样的氛围，
便可以得到一些配色方面的启发！

09 淡色调 pale tone

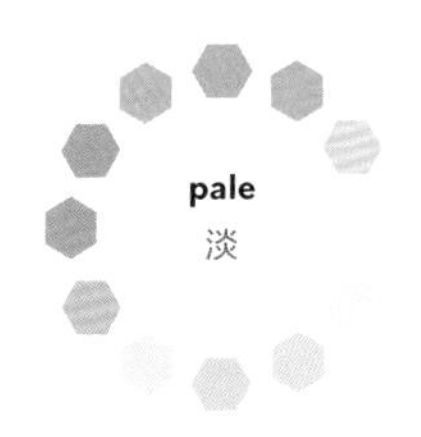

色调　在纯色中加入大量白色的淡色调

印象　轻盈　清透　女性风格　淡雅　可爱

淡色调是最接近白色的淡雅又明亮的色相群组，有种从中可以感受到光芒的清透感，是深受女性喜爱的色调。淡色调的色彩是最轻盈的色彩，给人留下的印象比较淡薄，因此常用作背景色（基准色）。

10 明灰色调 light grayish tone

色调　在纯色中加入大量浅灰色的明灰色调

印象　沉稳　安静　成熟

明灰色调是降低淡色调的饱和度后色彩变得比较浑浊的色相群组，给人轻微的成熟印象。将相同色相中的色彩搭配在一起可以营造出随性又高雅的氛围。

11 灰色调 grayish tone

色调　在纯色中加入大量深灰色的灰色调

印象　浑浊　素雅　大地　自然

灰色调是进一步降低明灰色调的明度，看起来特别浑浊的色相群组，又名“大地色系”。适合在需要突显自然感的时候使用。

12 暗灰色调 dark grayish tone

色调　在纯色中加入大量黑色的暗灰色调

印象　男性风格　黑暗　坚硬　封闭

暗灰色调是明度与饱和度都最低的色相群组，适合用来表现厚重感。由于暗灰色调的鲜艳程度几乎为零，所以无论选择哪个色彩，给人的印象都不会有很大的差别，最适合用作收缩色。

看到这里，你有什么感想？
对色彩的认识有一些改变了吗？

我真没想到色彩竟然还会产生这样的设计效果！
以后我应该不会再胡乱决定配色了！

现在你知道色彩给人的印象不只与色相有关，
还与明度和饱和度有着很大的关系了吧。

是的！今后我会努力做到在理解色彩本身具有的含义的基础上，创作出能够最大限度地发挥色彩效果的设计！

至此，我们已经学习了许多关于配色的基础知识。

但知识终究只是纸上谈兵，

重要的还是“经验”与“实践”。

希望大家以知识为基础，不断累积经验，

提高自身的配色审美与设计水平！

【参考书目】

やさしい配色の教科書（柘植ヒロポン / エムディエヌコーポレーション /2015）
デザインを学ぶすべての人に贈る　カラーと配色の基本 BOOK（大里浩二 / ソシム /2016）
カラーの世界へようこそ！　仕事に役立つ色の基礎講座
（桜井輝子 / エムディエヌコーポレーション /2015）